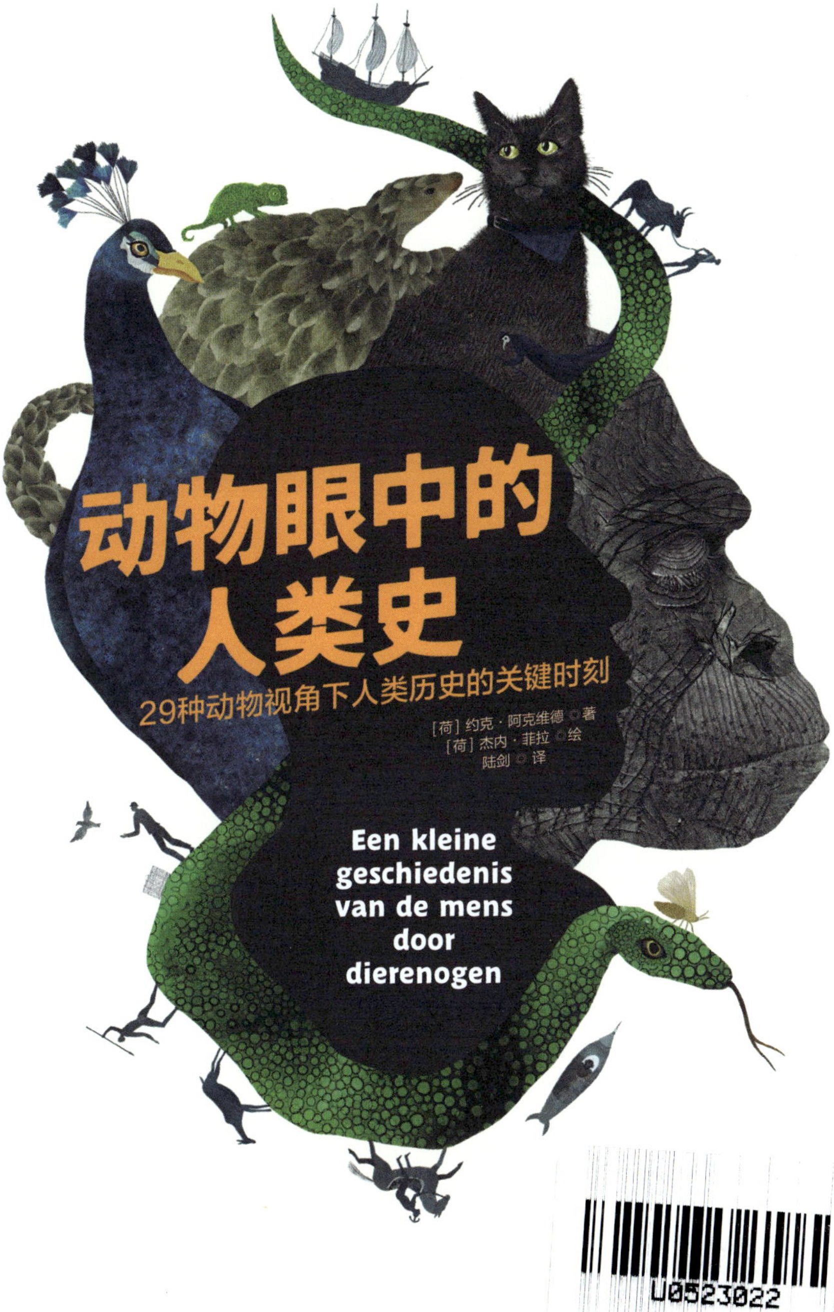

动物眼中的人类史

29种动物视角下人类历史的关键时刻

[荷]约克·阿克维德 著
[荷]杰内·菲拉 绘
陆剑 译

Een kleine
geschiedenis
van de mens
door
dierenogen

·长沙·

目 录

序　言/6

狄克羚羊
——20万年前，非洲博茨瓦纳/9

地懒
——1.4万年前，阿根廷/16

羊驼
——6000年前，秘鲁/22

孔雀
——公元前340年，希腊/27

阿斯匹毒蛇
——公元前30年，埃及/31

狮子
——公元278年，意大利/38

蚕
——公元552年，土耳其/43

马
——1080年，英格兰/47

老鼠与虱子
——1347年，西西里岛/54

猪
——1457年，法国/60

牛
——1510年，印度/65

北极熊
——1596年，新地岛/70

抹香鲸
——1680年，日本/75

狗
——1796年，法国/81

鸮鹦鹉
——1820年，新西兰/86

夸加斑马
——1850年，南非/91

袋鼠与兔子
——1859年，澳大利亚/97

鸽子
——1916年，比利时/102

鸡
——1923年，北美洲/108

猫咪一号穆尔齐
——1942年，荷兰/112

黑猩猩65号哈姆
——1961年，北美洲/118

斑马鱼
——1980年，德国/125

山地大猩猩
——1994年，卢旺达/130

虎鲸凯哥
——1998年，冰岛/135

大熊猫凤仪
——2014年，马来西亚/141

北方白犀牛法图
——2018年，肯尼亚/147

爪哇穿山甲
——2019年，东南亚/152

布氏纳米变色龙
——2021年，马达加斯加/157

猫咪二号约瑟夫
——2022年，南非/164

参考资料/170

序 言

该轮到动物发声了。

我们人类有将近80亿，很难忽视我们的存在。

然而很难想象，地球曾经是一个没有人类的星球。

在近140亿年前宇宙伴随着轰隆巨响诞生时，地球还不存在。45亿年前太阳系形成时，地球就像一座空房子，根本无人居住。这种空置状态持续了数亿年。最早的地球居民是细菌。接下来搬进来的是海绵。

直到很久之后，恐龙、猛犸象、剑齿虎才来敲门。更久之后，一种动物才跨过门槛，以一种前所未有的方式改变了地球，这个物种就是人类。人类源于类人猿，起初只是众多动物中的一员，直到人类发现可以制造能杀死其他动物的长矛，才将自己提升到了更高的位置。

人类展现出更多能力。他们开垦农田、修建道路、改造森林、填平海洋、建造房屋和宫殿，而这一切都是为了让生活变得更轻松、更愉快。人类的想象力是无限的，构想什么就创造什么。轮子，时钟，印刷术，飞机，抗生素，咖喱香肠，假牙，保温箱，填字游戏，卡拉什尼科夫步枪。在20万年里，人类从聪明的猿类发展为世界的"元首"——"万兽之王"。

在这个过程中，人类与其他动物的差别越来越大。两眼一眯，人类就可以忽视餐盘上的鸡肉曾经是一只活生生的鸡了。而人类穿的鞋子、吃的药物和飞向月球的火箭，都要归功于与他们共享一个地球的动物。

与此同时，这些动物一直都在那里。作为沉默的见证者，它们一直坐在第一排，目睹人类在非洲的诞生。人类成为猎人时，它们为生存而奔跑；人类定居为农民时，它们拉犁耕地；国王和皇帝炫耀权力时，它们则扮演起主角。骑士骑在它们背上，信徒匍匐在它们蹄下，士兵在需要帮助时仰赖它们的翅膀传递信息。

你应该已经明白：一部没有动物的人类历史书是不完整的。因此，这本书讲述的是它们的故事。而且，因为我们已经讲述了太多我们人类自己的故事，这次就让动物们自己来发声吧。

最后说明：这本书始于非洲，也终于非洲，但讲述故事的29种动物来自世界各地。它们的证词涵盖了从20万年前到今天的时间跨度。有时它们回顾过去，有时它们身处事件中心，有时它们满怀希望地展望未来。每种动物与人类的关系都不同。在人类眼中，它们可能是金矿或祸害，伙伴或怪物，药物或批量商品。

至少在人类看来就是这样。

现在就合上嘴，翻到下一页。

让我们倾听动物自己的声音吧。

狄克羚羊

——20万年前，非洲博茨瓦纳

"看见那棵树上的豹子了吗？"

"它怎么了？"

"它看起来像在睡觉，可别被它骗了。它快得像一阵风，像影子一样悄无声息。它的牙齿比最锋利的刺还要尖。我们吃树叶，豹子吃我们这些小羚羊。一定要远离它们。"

"好的，妈妈。"

"听到上面那个'咕——咿——咕——咿'的叫声了吗？"

"那是什么呀？"

"那是非洲冠鹰雕的叫声。天空是它的家，但可别大意。它俯冲下来比猴面包树上最重的果实掉落下来还要快。一旦抓住猎物，它就再不会放手。"

"非洲冠鹰雕也吃我们狄克羚羊吗？"

"它抓走了你的妹妹。一看到它就赶紧躲进灌木丛里，知道吗？"

"啊，看那片草地！跑起来一定很舒服吧！"

"跑吧！跳吧！我的宝贝，但也要时刻留心周围。"

"为什么呀，妈妈？"

"因为非洲岩蟒。你看不见它，也听不到它。它一动不动地躺在草丛里，看起来像是睡着了，可别被它骗了。一旦被它缠住，你就再也逃不掉了。"

"妈妈，你闻到了吗，那股奇怪的味道？"

"是鬣狗的便便。瞧，就在这里。"

"咦？那便便是白色的！"

"因为鬣狗喜欢啃骨头呀。"

"包括……包括我们狄克羚羊的骨头吗？"

"是的，宝贝。我们的骨头也包括在内。"

"妈妈，我们现在去河边喝水好吗？"

"好啊，不过要小心哟。"

"为什么？"

"水中潜伏着危险。鳄鱼会一动不动地漂在水面上，就像一截木头。可别被它骗了，它绝不是木头。它会用锯齿般的牙齿把你拖入水中，'哗啦'一下就不见了。从来没有动物能活着浮上来。"

"哎呀,我好像突然不那么渴了……"

"妈妈,那座小山上的动物是什么呀?"

"你是说那些用两条腿走路的?"

"他们会把你拖到水下吗?会啃你的骨头吗?会勒死你吗?"

"不会的,他们不会那样做。"

"那他们有能伤害你的牙齿或爪子吗?"

"都没有,没什么好怕的。"

"他们跑得快吗?声音响吗?力气大吗?"

"都不。"

"那我可以接近他们吗?"

"呃,还是不要。他们曾经杀死了我们的一个同伴。"

"没有牙齿,没有爪子,他们是怎么做到的?"

"他们用了棍子和石头。"

"哦,原来是因为他们自己太弱,才要用工具来伤害我们。"

"你说得对,我聪明的孩子。无论在何时何地,豹子、冠鹰雕、岩蟒、鬣狗和鳄鱼都是我们的敌人。但小山上的那些……也要时刻留意他们,尽管最大的危险并不来自他们。"

动物作为食物

最早的人类诞生在非洲。至于具体在哪里,这要看你问谁。有些科学家指向埃塞俄比亚的一个山谷,另一些则认为是非洲南部的博茨瓦纳。关于这批最早的人类究竟是何时出现的,也有不同的说法。我们已经在地球上生活了20万年还是23.3万年?每当发现新的化石,我们对人类历史的认知就会往前推进一点。

本章中的狄克羚羊(一种小型羚羊)在博茨瓦纳遇到了智人。智人并不是地球上最早的人类。数百万年前,一只史前猿类生下了两个后代,其中一个成了黑猩猩的祖先,另一个则是我们人类的祖先。你和那只史前猿类之间,存在着一棵枝繁叶茂的进化树,其中只有一个分支是智人。20万年前,智人并不是地球上唯一的人种。就像现在存在着不同种类的类人猿(如大猩猩、黑猩猩、红毛猩猩),当时也存在着不同种类的人类。例如,尼安德特人和直立人。

那么,为什么这本书要从智人开始讲起,而不是从其他人种开始呢?因为只有智人存活了下来。你、我、街角的蔬菜店老板、你的钢琴老师、那个滑板技术很棒的女孩,甚至那个发动战争的

人——如今地球上所有的人都属于那个很久以前在非洲诞生的人种。其他人种都已经灭绝了。

这些最早的智人是狩猎采集者。他们过着游牧生活，以小群体的形式迁徙。他们采集果实和块茎植物，猎杀野生动物获取肉、骨头和皮毛。他们甚至不会对食用腐肉嗤之以鼻。早期人类与现代人之间有很多不同，但关键的区别在于：那时的人类是食物链中的一环。他们既不是最强大的，也不是最弱小的，而是处于食物链的中间位置。人类既是猎人，也是猎物。动物是人类的食物，人类同样也是动物的食物。

这些早期人类在狩猎时使用石器和长矛，还能够生火来驱赶野兽。在与野兽的搏斗中，胜负并非预先注

定。有时人类捕食羚羊，有时人类被狮子捕食。可以说，我们的远古祖先就是动物中的一种。他们和其他动物一样脆弱，一样饥肠辘辘地寻觅食物。

科学小知识

为什么会存在不同种类的猿类，却只有一种人类幸存下来呢？为什么是智人呢？关于这个问题，科学家们提出了几种不同的理论。

大约7万年前，当智人离开非洲，开始探索欧洲和亚洲时，他们遇到了其他人种，比如尼安德特人。第一种理论认为，智人与这些人种混合繁衍，产生了后代。如果是这样，那么现代人就不是纯粹的智人，而是不同人种的混合体。

第二种理论则认为，人种之间的差异太大，无法成功繁衍后代。或者即使他们能生下孩子，这些孩子也可能是不孕不育的。这就像马和驴可以生下骡子，但骡子本身无法繁衍后代一样。支持这种理论的科学家认为，智人的数量比其他人种多。随着时间的推移，其他人种的生存变得越来越困难。他们慢慢从地球上消失，最终灭绝了。也许智人还通过竞争和杀戮加速了这个过程。

第三种理论是前两种理论的结合。它认为人种之间确实有一些基因混合，但最终智人凭借某些优势使其他人种走向了灭绝，直到只剩下智人一种。

近年来，科学家在现代人类DNA中发现了尼安德特人的基因。这似乎证实了第一种或第三种理论。这意味着你的钢琴老师体内可能有一丝尼安德特人的基因，甚至是直立人的基因！

地懒

——1.4万年前，阿根廷

最近发生的事，让我至今仍心有余悸。那时我们刚刚抵达森林。

很高兴我们终于到了。这段旅程持续了好几天。我们一步一拖，平原仿佛没有尽头。除了零星几株干枯的丝兰和龙舌兰，几乎找不到任何食物。与此同时，阵阵让人不舒服的风袭来——那种能钻进皮肤的暖风。说来奇怪，通常这里不会这么热。我们的毛皮又长又厚，比水豚和剑齿虎的毛皮更长更厚。寒冬里这种皮毛很有用，但我此刻的感觉像是站在寒冬的对立面——盛夏。

我们的骨头似乎都在冒汗。一钻进树荫里，我们都大大松了口气。凉爽！食物！肚子咕咕叫了！我们都迫不及待想要填饱肚子。

是饥饿让我们把所有的注意力都放在树木上了吗?树上长满了叶子,有些还挂满果实。我用后腿支撑起身体,用爪子钩下第一根树枝,舌头一卷,嘴里顿时塞满了食物。撕扯,咀嚼,吞咽。我无暇顾及其他。所有人都无暇顾及其他。只有我们和树叶,树叶和我们。

就在这时,一只幼崽的尖叫声划破天际,把我们吓得不轻。

那是一只雌性地懒的孩子。我早就注意到初为人母的它似乎还不太明白如何当母亲。有时它好像忘了自己有个孩子要照顾。此刻它就站在我们中间,而它的幼崽却已经不知所终。

我们抬头张望,那只幼崽已经侧躺在地上。即使从我们站立的后方,也能看到刺眼的血迹。

是剑齿虎干的吗?我仔细搜寻四周,没看到它的踪影。只有一只长着两条腿的小动物,像我们一样直直地站在那里。他的爪子握着什么东西,正用那个东西击打幼崽。我们立刻"冲"了过去。

呃,就是所谓"冲"……毕竟我们是地懒,速度并不是真的很快。

那只小动物迅速逃走了。这也合情合理，毕竟我们在数量上占优势，体形又是他的4倍大。可惜对幼崽来说什么都晚了，它的眼睛已经变得空洞无神。

它的母亲还在不停地舔它。不过流了这么多血，舔再久也没什么用了。

我们垂头丧气地回到树下，肚子里依旧空空的，还没有吃饱，但我的心思早就不在吃东西上了。那到底是什么动物，个子那么小却拥有那么大的破坏力？我心不在焉地用舌头卷起一根树枝，又深深叹了口气。

那阵温暖的风，此刻又吹到这里来了。

动物：气候变化的受害者（还是另有原因？）

　　数百万年来，地懒悠然自得地漫步在南美洲的大草原上。它们结伴穿越森林，最终经由中美洲迁徙至北美洲。约1万年前，这个物种在北美洲几近灭绝。注意，是几近灭绝，而非完全消失。一小撮地懒在加勒比海的岛屿上得以幸存。3600年前，最后一只地懒也死了。

　　地懒因为体形庞大又被称为巨型树懒，是更新世巨型动物群的一员。更新世指258万年前到1.1万年前的地质时期，其间冰河期与间冰期[1]交替出现。在这个时期，各个大陆都有独特的巨型动物：欧亚大陆有长毛猛犸象和长毛犀牛，北美大陆有剑齿虎和洞狮，澳大利亚则有袋狼和巨型袋鼠。地懒这种性情温和的素食者，则在南北美洲优哉游哉地闲逛。地懒有多个亚种，最大的一种体形堪比大象，粗壮的尾巴使它在直立进食树叶时能够保持平衡。此外，地懒最引人注目的身体特征是前肢长着的又长又大的钩爪。正是因为这些爪子，地懒无法将脚掌平放在地上，只能靠脚的侧面行走。这就

---

1. 间冰期：两次冰河期之间相对温暖的时期。此时冰川退缩，海平面上升，气候也变得温暖。

解释了它们的步伐为什么那么缓慢。就像如今仍能在中美洲、南美洲树上看到的那些体形较小的远亲一样，地懒绝对称不上敏捷。难怪当智人开始探索这片大陆时，它们会走向灭绝。对人类来说，它们必定是易于捕获的猎物。

然而真的是这样吗？

有个说法广为流传：人类所到之处，巨型动物群便会消失。这种说法真的准确吗？科学家们对此存在分歧。一派认为，洞熊、巨狼和象鸟的消失是因为人类将它们猎杀殆尽；另一派却认为，导致这些动物灭绝的罪魁祸首是气候变化，他们指出，在更新世末期，气温开始上升到史前动物无法适应的水平。不过，第一派的研究人员反问：那么这些动物是如何在之前的冰期之间相对温暖的间冰期存活下来的呢？不，一定是人类导致的。看看那些带有切割痕迹的地懒骨骼就知道了，那只可能是人类的所作所为。

第二派的科学家回应：这一点也许没错，但最早到达欧洲、美洲和澳大利亚的人类是与自然和谐共处的，他们不会导致物种灭绝。真正的原因还是气温上升，于是地懒赖以生存的草原和凉爽的森林消失了。人类的狩猎可能只是最后一击，气候才是这波灭绝浪潮的首要原因。

就这样，研究人员继续争论不休，这正是科学的魅力所在。科学探索永不止步，直到我们真正揭开谜底（或者至少我们认为自己找到了真正的答案）。

科学小知识

气候变化虽然每天都占据新闻头条,但这绝非新鲜事。纵观历史,地球一直在冰河时期(冰期)和较温暖时期(间冰期)之间交替循环。气温时而上升,时而下降。直到不久前,这些温度波动都主要与太阳活动、火山喷发和陨石撞击有关。这些事件导致了一些物种的灭绝,恐龙就是一个典型例子。6500万年前,一颗小行星的撞击在大气层中产生了大量尘埃,地球顿时陷入一片黑暗,温度急剧下降。

植物随之消失,许多食草恐龙灭绝。紧接着,食肉恐龙也难逃厄运。总的来说,地球上76%的生命都消失了。但是……大自然总有妙计,新的物种应运而生,那就是哺乳动物。设想一下,如果恐龙没有灭绝,我们人类可能就不会在这个星球上出现了。

最后一个冰期结束于1.1万年前,这也宣告了许多巨型动物(如地懒)的灭绝。从那时起,我们就生活在间冰期。这是否意味着下一个冰期还会来临?答案是肯定的,不过那还需要至少1.5万年。目前地球的温度反而在节节攀升(至于背后的原因,可以在北极熊那一章中了解更多)。

羊驼

——6000年前，秘鲁

没人问过我们的意见。从来没有。如果你真的提问：在高山上当一只羊驼是什么感觉？我们会说："谢谢你的关心，很高兴你这么问。这里棒极了！空气清新稀薄，地面湿润，食物充足。不过说实话，生活也有点……平淡无奇。"

这时，一阵令人窒息的沉默就会降临，那种能够压垮白眉树鹩莺、碾碎豚鼠的沉默。

平淡无奇？怎么会平淡无奇呢？

是的，我们也知道。当然，没什么可抱怨的。山坡上长满了青草，寒冷时有厚实的毛皮保暖。夏天毛皮开始发痒时，人类就会帮我们剪掉。

真的，我们羊驼对现状真的不该抱怨，不该有丝毫不满。

然而——

你有过那种感觉吗？来自内心深处的躁动，不是像要脱毛那样的痒，而是皮肤下更深处的东西。它歌唱，它沸腾，它冒泡，它泛起泡沫。你几乎要爆炸了，在内心狂野地咆哮。你想和秃鹫一起飞向星空，像眼镜熊和它的幼崽一样在草地上翻滚。你的蹄子蓄势待发，紧绷得要命，渴望跳跃和奔跑，想越过整个安第斯山脉。那种感觉，我们有时会有。

好吧，其实经常会有。

几乎一直都有。

但这是不可能实现的：在安第斯山脉上跳跃，在草地上翻滚，星星也遥不可及。因为我们羊驼被关在栅栏后面。

听秃鹫说，情况并非总是如此。山谷、雪峰、湖泊和火山，这些秃鹫自有记忆以来就一直存在。但那个栅栏，它突然就出现了。

就这样，我们被关在后面。

眼镜熊就在那边，我们却被关在这边。

为什么？

连秃鹫也不知道。

白眉树鹩莺叽叽喳喳地说，羊驼属于人类。豚鼠也跟着吱吱叫。

这是事实。人类给我们水喝；我们生病时，他们会照顾我们；我们把草地吃秃了，他们会移动栅栏。

不是说我们不感激。真的，我们很珍惜这些。

只是，那个栅栏总是关着的。

你知道吗？我们多么希望能成为一只小羊驼¹，哪怕只有一天。秃鹫和眼镜熊都很美，但它们和我们不一样。小羊驼才是我们的家人。它们个头稍小，性格有点羞怯，毛皮稍薄，除此之外，它们和我们一模一样。

除了一点：小羊驼也属于栅栏的另一边。它们可以欢快地奔跑，想去哪里就去哪里。小羊驼可以触摸星星，它们是没被关在栅栏里的羊驼。

动物作为"小工厂"

随着时间的推移，最早的智人离开非洲，开始探索世界。他们来到了中东、亚洲、欧洲、美洲和澳大利亚。在这漫长的时期里，人类一直以狩猎采集的方式生活。直到1万年前，他们决定定居下来，成为农民。当然，这种定居并非一朝一夕之事。在大约公元前8000年，一场彻底改变人类生活的革命发生了。

究竟发生了什么？上一个冰河时期结束了，世界变得更温暖、更宜居。不仅人类如此觉得，动物也是一样，它们不再需要不断迁

---

1. 羊驼和小羊驼虽然看起来相似，实际上是两个不同的物种。羊驼已经被人类驯化，主要用于毛织品生产。小羊驼仍然是野生动物，生活在安第斯山脉的高原地区。在这个故事中，羊驼羡慕小羊驼的自由，正是因为小羊驼保持了野生状态，可以自由地在安第斯山脉中奔跑。这种对比突出了驯化动物与野生动物之间的差异。

徙，不断寻找食物，甚至对植物来说，在这更温和的气候下，生长也变得容易了。

人类开始仔细观察这些植物。他们想："我们能不能自己种植这些植物呢？这样就不用总是外出寻找了。"然后，他们又看向周围的动物："是不是可以驯养某些动物，这样就不用总是追着它们跑了？"这个将人类从游牧猎人转变为定居农民的发展过程被称为新石器革命。将野生动物变成家养动物的过程，我们称为驯化。

并非所有动物都适合驯化。你能想象驯服一只袋鼠或长颈鹿吗？难度可高了！但对其他动物来说，驯化是可行的。野猪变成了猪，野牛变成了牛，野鸡变成了家鸡，而盘羊则变成了绵羊。

人类驯化动物的原因五花八门。马、骆驼和亚洲象被用来驮运动物，狗用来守护牲畜，猪和牛用来提供肉食，绵羊和羊驼用于产毛，猫则用来捉老鼠。我们把这些动物统称为家畜：为人类的需求

而饲养的动物。

狗是最早被驯化的动物之一，是从狼演变而来的。为了将狼变成狗，1万年前的人类选择了体形最小、攻击性最低的狼，让它们繁衍后代。在这些后代中，他们又选择让体形最小、最温顺的个体继续繁衍。如此循环下去。驯化是一个漫长的过程。经过一段时间后，人类有了自己的看门狗。再后来，他们还培育出了贵宾犬、腊

肠犬和拉布拉多犬等宠物狗。

一些驯化动物的祖先已经灭绝了，比如原始野牛。不过狼仍然存在，小羊驼也是如此。小羊驼是一种骆驼科动物，生活在安第斯山脉的陡峭山坡上。它被驯化后的后代是谁呢？就是羊驼！人们培育羊驼是为了获得保暖性极佳的羊驼毛，这种羊驼毛的保暖效果是绵羊毛的7倍。

 科学小知识

新石器革命的传播

新石器革命最初发生在中东地区，在幼发拉底河和底格里斯河之间的一片肥沃土地上。之后，它逐渐扩散到世界各地。这并不是因为中东居民四处旅行，传播他们的农业和畜牧知识。实际上，这种变革是自然而然地在不同地方同时发生的，就像世界各地的人突然有了同样的好主意！在中国，人们开始种植水稻和饲养猪；与此同时，在遥远的秘鲁，人们开始种植土豆，驯养羊驼和骆驼。这些事情几乎是在同一时间发生的，真令人惊叹！

定居生活使人们能够获得更多的食物。与之前的狩猎采集生活方式相比，人们不用那么担心第二天是否有食物吃了。这带来了一个重要的结果：随着新石器革命的开始，人类人口开始大幅增长。

想象一下，从前人们每天都要外出寻找食物，现在他们可以在自家门口种植粮食，在院子里饲养动物。这就像把大自然的"超市"搬到了家门口！因为食物更容易获得，更多的婴儿能够存活下来，更多的人能够活到成年。慢慢地，地球上的人类就越来越多了。

这个重大的变化，就像人类历史的一个转折点。从此以后，我们的祖先过上了完全不同的生活，这种生活带来的影响一直延续到今天。你能想象如果没有农业和畜牧业，我们现在的生活会是什么样子吗？

孔雀

——公元前340年，希腊

瞧瞧吧，好好瞧瞧。再也没有比我更好看的了。在这群晃来晃去、飞来飞去的生物中，我可是最美的。自负？哼，那是你的说法，我可不这么看。这里其他的鸟简直不堪入目。

你问具体是谁？

嘿，你有时间听我细说吗？

让我们从鸟舍的左边开始：埃及雁。仔细想想，这个名字真奇怪。低等族类，扁平足，短脖子，这些家伙没一点像雁的地方，反而更像丑鸭子，更别提它们那一身无趣的棕色羽毛了。它们发出的噪声又那么刺耳。难以理解埃及人怎么会喜欢它们，甚至把这些鸟奉为圣灵，天地之间的信使之类的。简直疯了，那些人的眼睛肯定不太好使。

好了，接下来说说蹲在棍子上的那些鸽子。鸽子，是的。还用多说吗？那就是些毫无特色的绒毛球长了脚。它们把羽毛掉得到处都是，好像世界上只有它们似的。它们还随地大小便……你肯定会奇怪，这么小的鸟，怎么能拉那么多屎？真不讲卫生，这就是我的看法。不过那些鸡倒是不在乎，到处踩来踩去的。啊，我们说到鸡了。这些毫不起眼的鸟，简单说说就行了。看到它们了吗？就在鸡舍后面。唉，还是别看了，直接跳过吧。它们没什么好看的，就是群裹着羽毛咯咯叫的蠢东西。好了，说说珍珠鸡。呃，珍珠鸡……刚才说到鸡是咯咯叫的蠢东西？那你真该听听珍珠鸡的叫声。它们的小脑袋瓜里什么都没有，太阳下山很久了，它们还压着嗓子咯咯叫，歇斯底里地跑来跑去。

什么，你觉得它们的羽毛还挺漂亮？认真的吗？黑底白点，有什么特别的？单调、枯燥、乏味——我还算说得客气了。

嘿，要我开屏吗？没问题，这就开给你看。瞧！这就是我华丽丽的尾屏。哟，说不出话来了吧。我当然理解，不是谁都有这么漂亮的尾巴。人类总是看得目瞪口呆，你绝不是唯一一个。看哪，看哪，永远看不够吧。还有人拿着笔记本写写画画。他写了些什么？肯定是在描述我的美吧。我多么优雅，多么高贵，多么有品位呀！

我可以再一次展开大尾屏给你看。再看看我有多美吧！如果你看得够仔细，还会发现我尾巴上也有"眼睛"在看你哟。

动物：科学研究的新对象

大约在公元前500年，如今的希腊地区迎来了一段文明大繁荣时期。人们生活在城邦中，每个城市及其周边地区都形成了一个独立的小国家，拥有自己的政府。城墙内，创造力蓬勃发展。戏剧、诗歌、建筑、雕塑，各个领域都洋溢着令人兴奋的创新氛围。

哲学家苏格拉底、柏拉图和亚里士多德改变了西方世界的思维方式。科学领域同样硕果累累。古希腊人几乎对所有事物都怀着浓厚的好奇心，在医学和自然科学方面也取得了重大突破。他们还首次将动物视为研究对象。这在当时是一个全新的观念。此前，动物仅被视为食物、劳动工具，以及鸡蛋、奶和羊毛的来源。国王和贵族饲养野生动物，不过是为了炫耀自己的财富和权力。但从科学角度来看，人们从未对动物产生过多大兴趣。这种情况在古希腊发生了根本性的改变。

一些城邦拥有小型的异域动物收藏，这些动物是在国外旅行和军事远征中捕获的。这些动物不仅供民众娱乐，也成为研究的对象。城邦中没有太多空间用作花园，但人们仍然喜欢与动物为伴，于是一些人就建造了鸟舍。他们在鸟舍饲养鸡、鸭、鸽子和非洲珍珠鸡。如果谁家有印度孔雀，一定会吸引众多参观者。

人们从四面八方赶来一睹孔雀的风采。科学家们也慕名而来。他们不仅欣赏孔雀华丽的尾屏，也仔细观察它的动作姿态、身体结构，以及它发出的声音。其中有位科学家将这一切都详细记录了下来。这位科学家，就是亚里士多德。

科学小知识

亚里士多德被誉为生物学奠基人。这位古希腊哲学家也对动物和自然抱有浓厚兴趣。他不仅拥有敏锐的洞察力，能够专注地观察动物，还热衷于归类和排序。他在自然科学著作中正是如此做的：寻找动物之间的共同点，将它们分成不同的群组。例如，所有鸟类都归为同一类，因为它们都有羽毛、翅膀和喙。现在你可能觉得这再简单不过了，但亚里士多德是第一个在动物百科全书中系统记录这些观察的人。

此外，他还试图理解动物行为背后的原因。比如，在他看来，孔雀是虚荣和善妒的。

亚里士多德认为，自然界存在一种等级序列，所有生物都根据自身的完美程度在其中占有一席之地。在这个等级中，人类高于动物，动物又高于植物。顶端是众神，最低等的是土壤和石头等无生命的物质。亚里士多德称他的这种排序为"生命之梯"。

他在公元前4世纪写下了这些著作。在之后的2000年里，这些著作对动物研究产生了深远影响。直到16世纪，学者们才开始撰写自己的著作。即便如此，亚里士多德的思想仍然是科学家们重要的灵感源泉。

阿斯匹毒蛇[1]

——公元前30年，埃及

嘶嘶……

这故事真糟糕，太糟糕了。人类总爱胡编乱造。他们真相信自己说的蠢话吗？

那个女人死了，鼻子很有名的那个。她是个有名的女人，男人的迷魂药，红颜祸水，还是位女王。她先是嫁给了自己的弟弟，再嫁给了一位罗马将军，又嫁给了另一位将军。有些人说她美得倾国倾城，也有人说她其实是个丑陋的女巫。对我来说，这些都无所谓。美丑和我无关，我只是条蛇罢了。

---

1. 在很多古代的文献中，都记录了古埃及托勒密王朝的著名女王克娄巴特拉七世（亦称"埃及艳后"）曾操纵毒蛇咬伤自己以自杀，文献中提到的那条毒蛇，名为"aspis"。希腊作家普鲁塔克指出，埃及艳后曾经在死刑囚犯身上做过多次蛇毒实验，最终证实"aspis"的毒素在众多致命毒物中，能带给中毒者最低程度的痛苦。而现代研究中，人们普遍认同当时的"aspis"指的是埃及眼镜蛇。

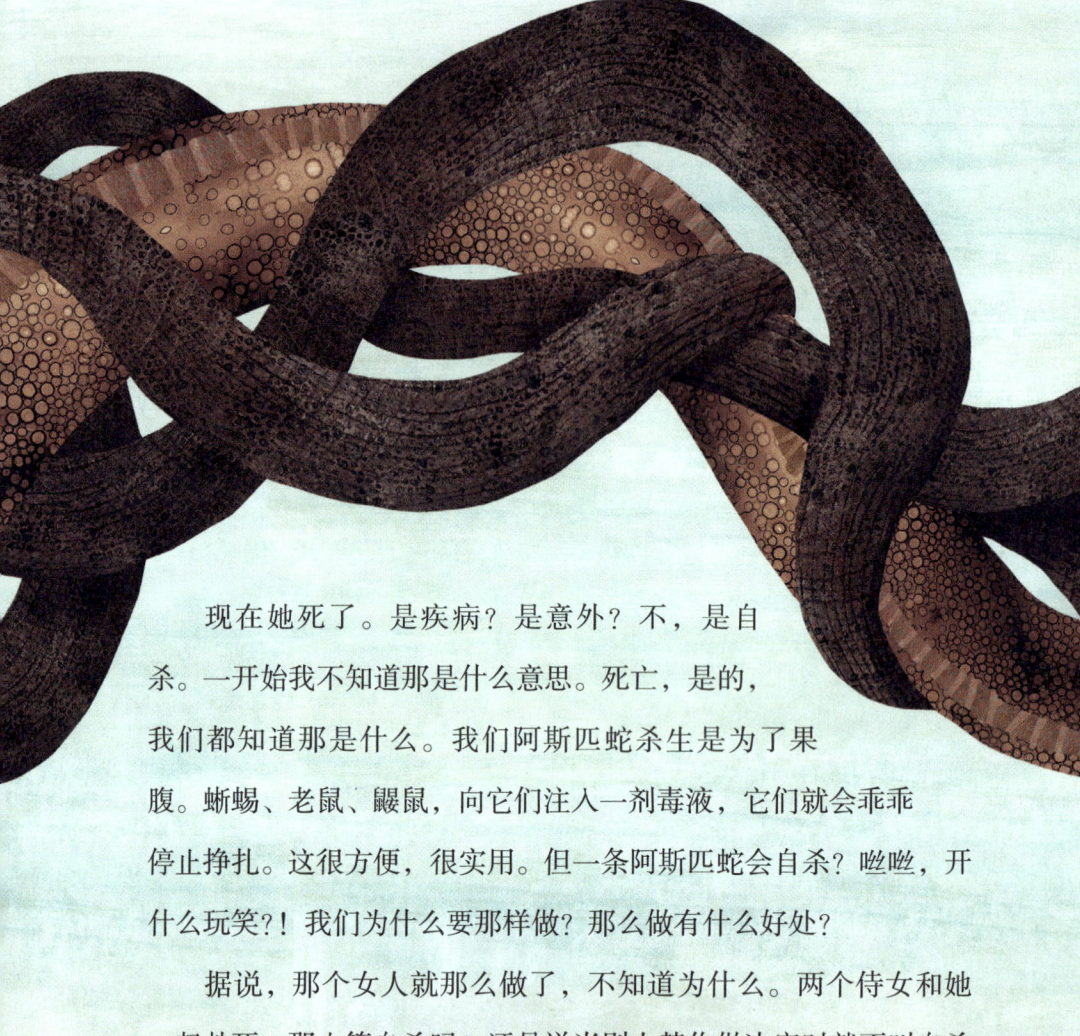

　　现在她死了。是疾病？是意外？不，是自杀。一开始我不知道那是什么意思。死亡，是的，我们都知道那是什么。我们阿斯匹蛇杀生是为了果腹。蜥蜴、老鼠、鼹鼠，向它们注入一剂毒液，它们就会乖乖停止挣扎。这很方便，很实用。但一条阿斯匹蛇会自杀？嗞嗞，开什么玩笑？！我们为什么要那样做？那么做有什么好处？

　　据说，那个女人就那么做了，不知道为什么。两个侍女和她一起赴死。那也算自杀吗？还是说当别人替你做决定时就不叫自杀了？无所谓。死去的女人和我没什么关系。那我在意什么？

　　就是这个。

　　他们说那女人是用一条阿斯匹蛇自杀的。你敢相信吗？真是疯了！首先，如果是我们干的，那就不是自杀，而是谋杀。可事实并

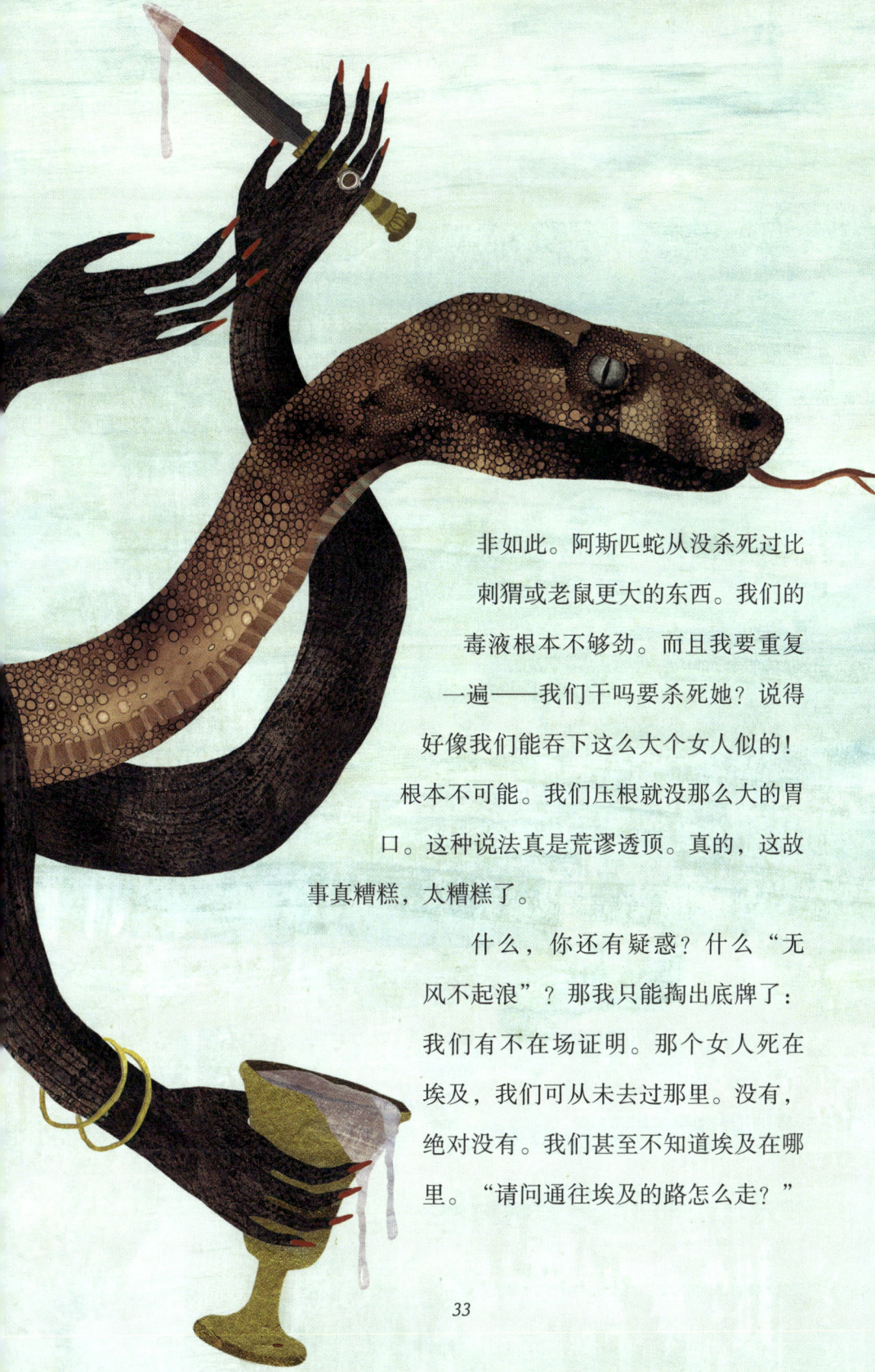

非如此。阿斯匹蛇从没杀死过比刺猬或老鼠更大的东西。我们的毒液根本不够劲。而且我要重复一遍——我们干吗要杀死她？说得好像我们能吞下这么大个女人似的！根本不可能。我们压根就没那么大的胃口。这种说法真是荒谬透顶。真的，这故事真糟糕，太糟糕了。

什么，你还有疑惑？什么"无风不起浪"？那我只能掏出底牌了：我们有不在场证明。那个女人死在埃及，我们可从未去过那里。没有，绝对没有。我们甚至不知道埃及在哪里。"请问通往埃及的路怎么走？"

33

抱歉，我们不知道。欧洲，那才是我们的地盘，准确地说是南欧（欧洲南部）。我们的活动范围仅限于海边。所以说，那个女人不是我们毒死的，理由再简单不过——我们根本就不可能毒死她。

不过人类才不管这些呢。他们眼都不眨一下就宣称："克娄巴特拉（就是那个死去的女王）用阿斯匹蛇的毒液杀死了自己和她的侍女。"

就这样，荒谬的故事传遍天下。

简直是胡说八道，疯了，疯了！

咝咝……

（注：本章讲述的是古埃及末代女王克娄巴特拉七世的死亡。传说她在公元前30年借助阿斯匹蛇自尽，以免被罗马帝国俘虏。这个传说广为流传，但真实性一直有争议。）

动物成为神话

古埃及文明大约在5000年前起源于尼罗河流域。洪水为周围土地带来了一层肥沃的淤泥，一个繁荣的农业社会在国王和王后（也就是法老们）的统治下逐渐发展起来。法老死后会被安葬在宏伟的陵墓中。对古埃及人来说，生命并不会在死亡后结束。他们相信来世，法老们被埋葬在大型墓室中，其中最著名的就是金字塔。在葬礼仪式中，诸神扮演着重要角色。这些神祇的形象被绘制在墓室墙

壁上，用来保护死者。

埃及最后一位法老是克娄巴特拉七世。她18岁时登上王位，和她的弟弟结婚。在当时，这并不罕见。罕见的是尼罗河的洪水。洪水如此猛烈，造成庄稼歉收，人们忍饥挨饿。此外，还有来自另一个大帝国的威胁：罗马人想征服和统治埃及。但他们低估了克娄巴特拉的才智。这位年轻的女法老与强大的罗马将军尤利乌斯·恺撒开始了一段关系，巩固了她的王位和地位。

恺撒死后，她转而与另一位高级将军马克·安东尼在一起。据说，克娄巴特拉美艳不可方物，能轻易操纵男人。但到了现代，她的美貌常受到质疑，甚至有学者称她其实长得很丑。谁说得对呢？留存下来的克娄巴特拉的画像很少，她的坟墓也从未被发现。不过，2007年一枚刻有她肖像的古罗马硬币被发现了。薄嘴唇、平额头、突下巴、鹰钩鼻……在古埃及，这些特征恐怕也不是美的标准吧。

马克·安东尼受到另一个罗马人屋大维的挑战，屋大维很快占据了上风。克娄巴特拉决定最后一次施展她的魅力，但屋大维不为所动，于是克娄巴特拉自杀了。关于她如何自杀，历史学家们说法不一。长期以来，人们认为她和她的侍女是用一条阿斯匹蛇毒死自己的。但由于埃及并不存在这种蛇，后来人们认为那应该是一条埃及眼镜蛇。再后来，有关蛇的说法被完全从历史中删除。历史学家们说，克娄巴特拉喝下了毒酒，她用鸦片、毒芹（一种有毒植物）和乌头（另一种剧毒植物）的混合物结束了自己的生命。还有人声称克娄巴特拉根本没有自杀，而是被屋大维杀害的。

无论事实真相是什么，克娄巴特拉的死亡标志着埃及法老时代的结束。屋大维将埃及变成了罗马的一个行省（相当于一个被征服的地区），由他自己作为皇帝统治。

科学小知识

对古埃及人来说，自然是神圣的。他们将许多神祇描绘成带有动物头部的形象，这反映出他们对自然界力量的敬畏。其中最著名的是拉神，这位太阳神负责创造地球。在图像中，他是半人半隼（一种猛禽）的形象。与拉神相对的是阿波非斯，一条巨大的蟒蛇，与邪恶力量和夜晚的黑暗相关联。阿波非斯是拉神的宿敌，试图推翻太阳神，阻止太阳再次升起。阿波非斯没有成功，他在战斗中受了重伤，流了很多血。根据古埃及人的说法，正是阿波非斯的血液给日出带来了绚丽的红色光芒。

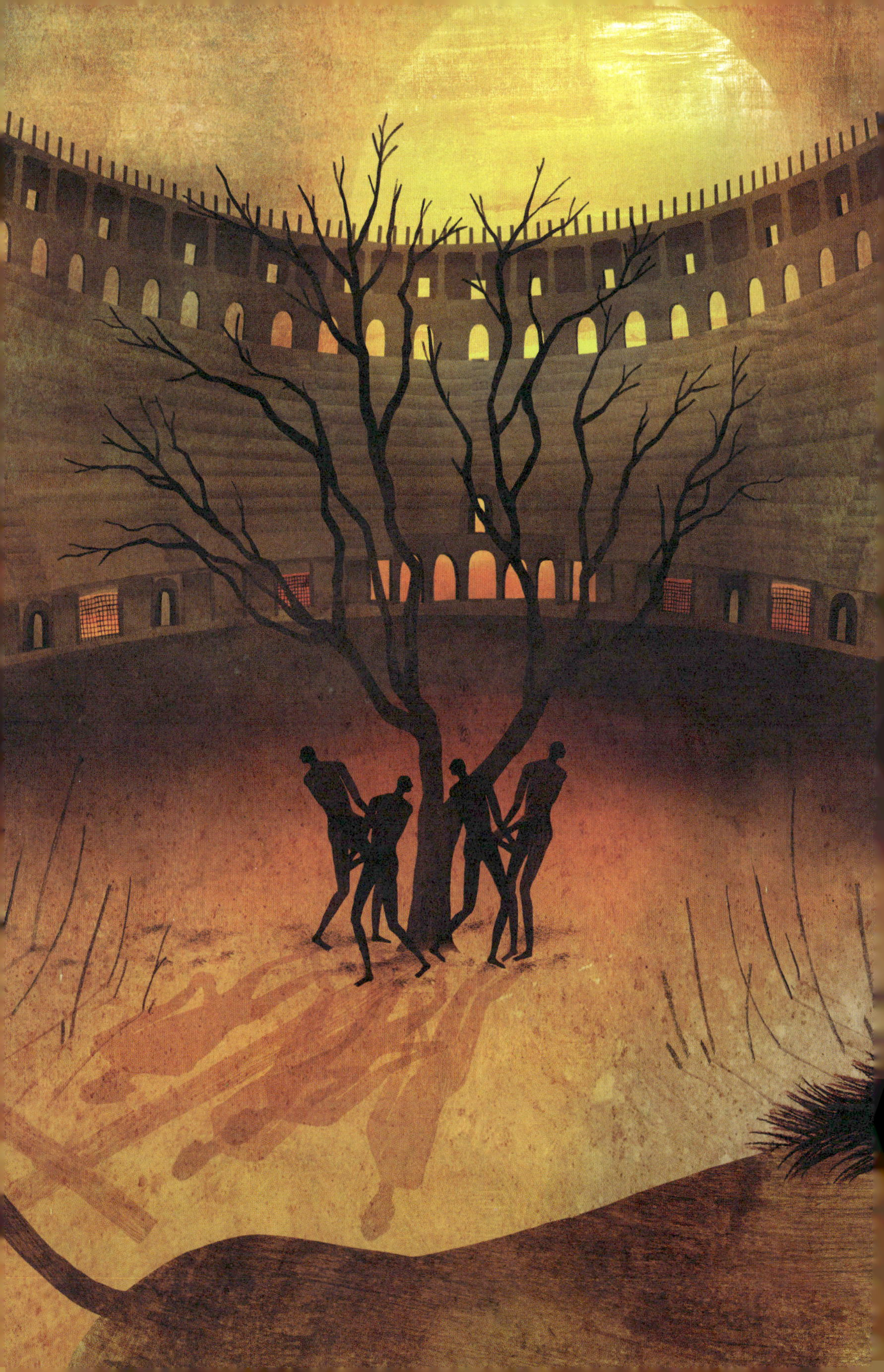

狮子
——公元278年，意大利

它们尝起来很奇怪。骨头多，肉少，很容易杀死——它们就这样被扔在我面前，偶尔有逃跑的，我一跃就能追上。它们会尖叫，但不会叫太久。我的爪子让每一声尖叫戛然而止。

从前不是这样的。斑马不会站着不动等你折断它的脖子，疣猪也不会乖乖等着让你咬断它的颈动脉。我必须猎捕，持续数小时，还常常无功而返。我的牙齿和利爪固然令人生畏，但斑马和疣猪可不傻，逃跑是它们的本能。虽不愿承认，但它们确实很擅长逃跑。

那段时光已经一去不复返。在金黄色的草丛中潜行，成功猎杀后的满足感，和我的母狮、幼崽在阳光下懒洋洋地打盹……这一切在他们用网罩住我的那天就结束了。

那时，我独自躺在岩石上，暂时远离了族群的吵闹。炎热的天气和昆虫单调的嗡鸣声让我昏昏欲睡。这成了致命一刻，我竟然没听到他们正悄然接近。我像兽中之王那样奋力搏斗：咆哮、抓挠、撕咬。但他们灵巧地闪避，躲开我的利爪和尖牙。接下来是一段痛苦的旅程。我被关在了一个笼子里。

笼子有时在我脚下颠簸，有时剧烈摇晃，我被甩来甩去。噬骨的饥饿感让我陷入疯狂与绝望。这种饥饿感从未消失。这与在草原上的感觉完全不同。在那里，即使一段时间没有捕获猎物，我还有下次成功的希望。这种希望给了我速度和力量。我扑向猎物，尘土飞扬。我挥爪，撕咬，将动物肢解，一气呵成。新鲜血液的味道令人陶醉。

如今，只剩下牢笼。这里昏暗阴沉，我永远不知道下一餐何时到来。饥饿如刀割般折磨我，撕裂我，使我神志恍惚。没有什么能分散我对腹中刺痛的注意。唯有铁栅栏升起的刹那，我被驱赶到刺目的光线中，那里有猎物等着我……

这是一种奇特的生物，他们称其为"基督徒"。正是这种生物用网捕获了我，但眼前这些没有网。他们赤手空拳。我嗅到他们的恐惧。四周响起震耳欲聋的声音。成千上万与眼前猎物同类的生物躲在围栏后叫喊："杀死基督徒！杀死基督徒！"仿佛我还需要什么鼓励似的。

我的肌肉绷紧，沙尘在我爪下翻腾。多希望这个猎物也能逃跑，我能再真真正正狩猎一次……

人群疯狂地咆哮着，我也咆哮起来。为我的母狮，为我的幼崽，为那永远消逝的金黄草原。一跃之间，我扑到他身旁，野性的欲望在我体内沸腾。

我挥爪，撕咬，将他肢解，一气呵成。

最终，我夺走猎物的生命。

动物作为权力的展示

罗马帝国以罗马为中心，统治着地中海沿岸的广大地区。鼎盛时期，罗马帝国版图包括了西欧、巴尔干半岛和中东的大部分地区。这个帝国始于公元前27年，历经500多年后才终结。皇帝是帝国的最高统治者，拥有至高无上的权力。这种权力被认为是众神赐予的，因此臣民必须如同崇拜神明一般崇拜皇帝。

许多皇帝都拥有私人野生动物收藏。大象、狮子、猴子、河马、鳄鱼、熊、老虎、野牛——这些动物从帝国各地，甚至更遥远的地方被运送到罗马。这些珍禽异兽不仅彰显了皇帝的权力，还被用于竞技场中的搏斗表演。

罗马最宏伟的竞技场是"斗兽场"，可容纳5万多名观众。在罗马人称为"竞技"的活动中，斗兽场常常座无虚席。"竞技"一词听起来积极向上，富有运动精神，事实上，这些表演往往以死亡告终。

竞技项目包括野兽之间的搏斗，以及野兽与人类（斗兽士）之间的搏斗。正午时分，被判刑的囚犯会被扔给饥饿的野兽。一天中最精彩的时刻被留到最后，那就是训练有素的角斗士之间的生死对决。

罗马人热衷暴力。血流得越多，他们欢呼得越响亮。据估计，超过100万只动物在斗兽场中丧生。这些动物被关在竞技场地下室的笼子里，常常被故意饿着，以确保在表演当天更加凶猛嗜血。

被扔给野兽的人中，有一类特殊群体——基督徒。他们是耶稣的追随者。耶稣是木匠的儿子，自称上帝之子。这个新的神明与罗马诸神不同。罗马人认为他是罪犯，将他钉死在十字架上。但即使在耶稣死后，基督徒们仍不承认皇帝的神性地位。一些罗马皇帝因此将这种新兴信仰视为对其权力的威胁。他们组织大规模搜捕行动，在竞技场中杀害基督徒。

然而，正如历史上常见的情况，当一个群体试图压制另一个群体时，往往会适得其反。事实上，越来越多的罗马人皈依了这个被禁止的宗教。最终，基督教的追随者日益壮大。公元313年，罗马帝国承认基督教为合法宗教，并为罗马帝国国教，基督徒拥有信仰自由。

科学小知识

斗兽士是在古罗马竞技场中与野兽搏斗的勇士。他们经过严格训练，手持武器与大象、狮子和河马等猛兽进行搏斗，以展示他们的勇气和毅力。如果他们成功制服或杀死了野兽，就会获得丰厚的金钱奖励和至高的荣誉。

然而，对那些被判处死刑的罪犯和基督徒而言，他们在竞技场中的遭遇则完全不同。这些人没有武器，也没有受过训练，根本无法进行真正的搏斗。他们常常被剥去衣物，赤身裸体地被扔到饥饿的野兽面前。更为残酷的是，有时基督徒会被绑在十字架上，他们完全无法逃脱或自卫，只能任由野兽撕咬。

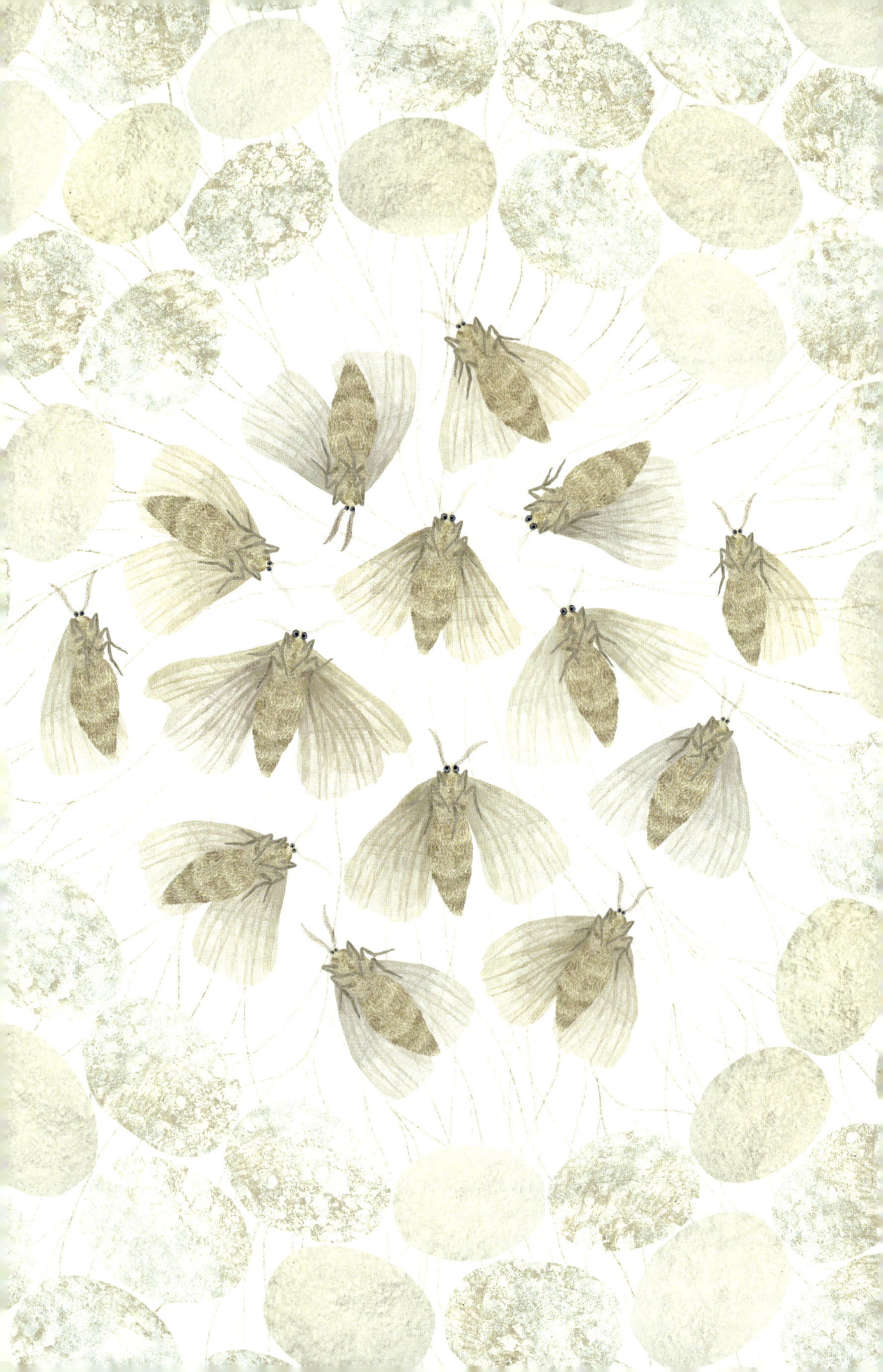

蚕

——公元552年，土耳其

我们能说什么呢？那里又黑又闷，时间漫长得可怕。有一天，我们在一个陌生的世界里醒来，对其他事一无所知。你可以猜想和推测，但我们更愿意坚持事实，讲述我们确实了解的事情：吐丝。

爱好？嗯，你会把与生俱来的能力称为爱好吗？呼吸算是爱好吗？我们蚕吐丝是因为这就是我们的本能。这就是我们的天性，也是我们的使命。要理解这一点，就得回到我们的起点。

我们的母亲不是一条蚕，而是一只蛾子。是的，你们人类从摇篮到坟墓一直都是人，但我们不同。实际上，我们经历两次"出生"：一次是作为蚕，一次是作为蛾。

有一天，我们的母亲产下了卵——足足四百颗。两周后，我们破壳而出。不是蛾子，也不是蚕，而是深褐色的幼虫。那时，我们的母亲已经死了。它的使命完成了，产卵后不久就离开了人世。

我们一出生就饿坏了，立刻开始进食。左边是桑叶，右边也是桑叶，有人可能觉得这种饮食很单调，但对我们来说，再没有比桑叶更美味的了。

接下来是一段插曲，因为那时发生了黑暗中令人窒息的奇怪事件。我们唯一记得的是被两个人抓了起来。感觉神神秘秘的。之后一切都变黑了。

当光明再次降临时，我们周围的世界已经不一样了。我的兄弟姐妹不见了。不过，我至少还有桑叶，这就够了，我们都快饿死了。我们狼吞虎咽地吃着桑叶。我们长得太快，好几次把自己的皮撑破了（他们说这叫"蜕皮"）。再也不能叫我们幼虫了。我们变成了贪吃的、淡黄色的蚕，永远吃不饱。直到有一天，我们终于吃够了。

就这样，我们突然意识到：结束了。我们不再需要桑叶了。

这就是丝出现的时候。就在饥饿感消失的同时，我们意识到自己的头部长出了丝腺。这些丝腺会分泌丝。液态的丝一接触空气就会变硬，形成坚韧的丝线。你可以称之为奇迹，称之为神迹，称之为未解之谜，我们自己也无法解释。丝线从我们的头部吐出，我们用这根丝线造了茧。不是松散的零部件的组合，而是一个没有缝隙的坚固小屋，由一根长长的丝线制成。

茧内也是黑暗的，但我感觉很安全，不再觉得窒息。我们看不见彼此，但我们知道发生在我们身上的事情也发生在其他同伴身上。我们的身体正在发生变化。此刻，我们不再是蚕，而是蛹。再过不久，我们将获得新生。世界将不再一样，我们也将不再一样。

动物作为劳动力

公元522年，两名希腊僧侣在中国执行了一项秘密任务。他们把蚕的幼虫和卵藏在一根空心竹竿里，偷偷带出了中国。为什么要为了几只小虫子搞得如此神秘呢？

这是有充分理由的。几千年前，中国人发现了从蚕茧中抽出蚕丝，制作丝绸的方法。

丝绸是一种柔软、结实且富有高贵光泽的布料，很快在中国以外的地方风靡起来。中国人还发现了如何用桑叶饲养蚕。他们意识到自己掌握了完美的商业模式，可以赚取利润。于是，他们把野蚕驯化成了家蚕，让家蚕为人类辛勤劳作。这样，蚕成了第一种被人类驯化的昆虫。丝绸是中国重要的出口产品，以至于人们把商队从中国运送丝绸到西方的路线称为"丝绸之路"。

与此同时，中国人严格保守着这种制造工艺的秘密，这样其他人就无法制作这种珍贵的布料。西方世界对此感到非常不甘心。他们不想依赖中国，想自己生产丝绸。关于他们是如何做到的，有几种不同的说法。

最引人入胜的一个故事是关于那两位被派去偷运蚕的幼虫和卵的希腊僧侣。他们首先暗中观察了中国人生产丝绸的过程。

然后，他们把一些幼虫和卵藏在空心竹竿里。走私计划成功了，幼虫和卵安全抵达君士坦丁堡。这是现在土耳其境内的一座城市，如今被称为伊斯坦布尔。中国的丝绸工艺成了公开的"秘密"。从那时起，西方世界也开始生产丝绸。

顺便说一下，大多数蚕永远不会变成蛾子。为了获得一根完整的丝线，蚕茧必须保持完整。不能让蛾子破茧而出，否则丝线就会断掉。因此，在蛾子即将破茧之前，蚕茧会被加热，使里面的蛾子死亡。只有那些用于繁殖的蚕才有机会变成蛾子。

科学小知识

实际上，"丝绸之路"并不是一条单一的路线，它是一个连接中国和东亚、中东、地中海地区的庞大贸易网络。几个世纪以来，它一直是东西方之间重要的文明纽带。

丝绸并不是沿这条路线运输的唯一商品。商队同样运送缎子、瓷器、纸张和大黄（一种重要的中药材）。宗教思想、文化理念，甚至疾病也随之传播。

2013年，中国领导人提出要改善中国与西方之间的公路、铁路和海上连接网络。这个雄心勃勃的计划被命名为"新丝绸之路"，也被称为"一带一路"倡议。目前已有100多个国家参与其中，旨在重现古代丝绸之路的辉煌，促进国际合作与交流。

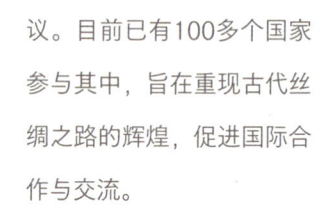

马

——1080年，英格兰

　　他太胖了。我只是实话实说。换作其他马恐怕早就被压垮了，但我又能怎么办呢？

　　城堡里有些家伙嫉妒我被他选中了。它们嘲讽地嘶鸣，质疑我不是马厩里最好的马。我就嘶鸣回去："伙计们，没什么好嫉妒的。我巴不得换个你们的骑士呢。"

　　你问我对地位无动于衷吗？当然不是。多得一铲燕麦自然是好事。侍从们把我刷得锃亮。但老实说，如果能让我驮别人，这些待遇我立马就放弃。

　　只要不是那个软蛋，那个肥猪，那个像饲料槽一样的胖国王。呼——那家伙真的太重了！体重外，还得算上他的锁子甲和巨大的盾牌呢。这些东西我都清楚，以前我也驮过其他骑士。总是锁子甲，总是盾牌，总是剑和斧头……一大堆玩意儿都往我背上搁。那时候你得使劲蹬地才行。但我现任主人的问题在于：即使没有这些玩意儿，他自己就已经够重了。

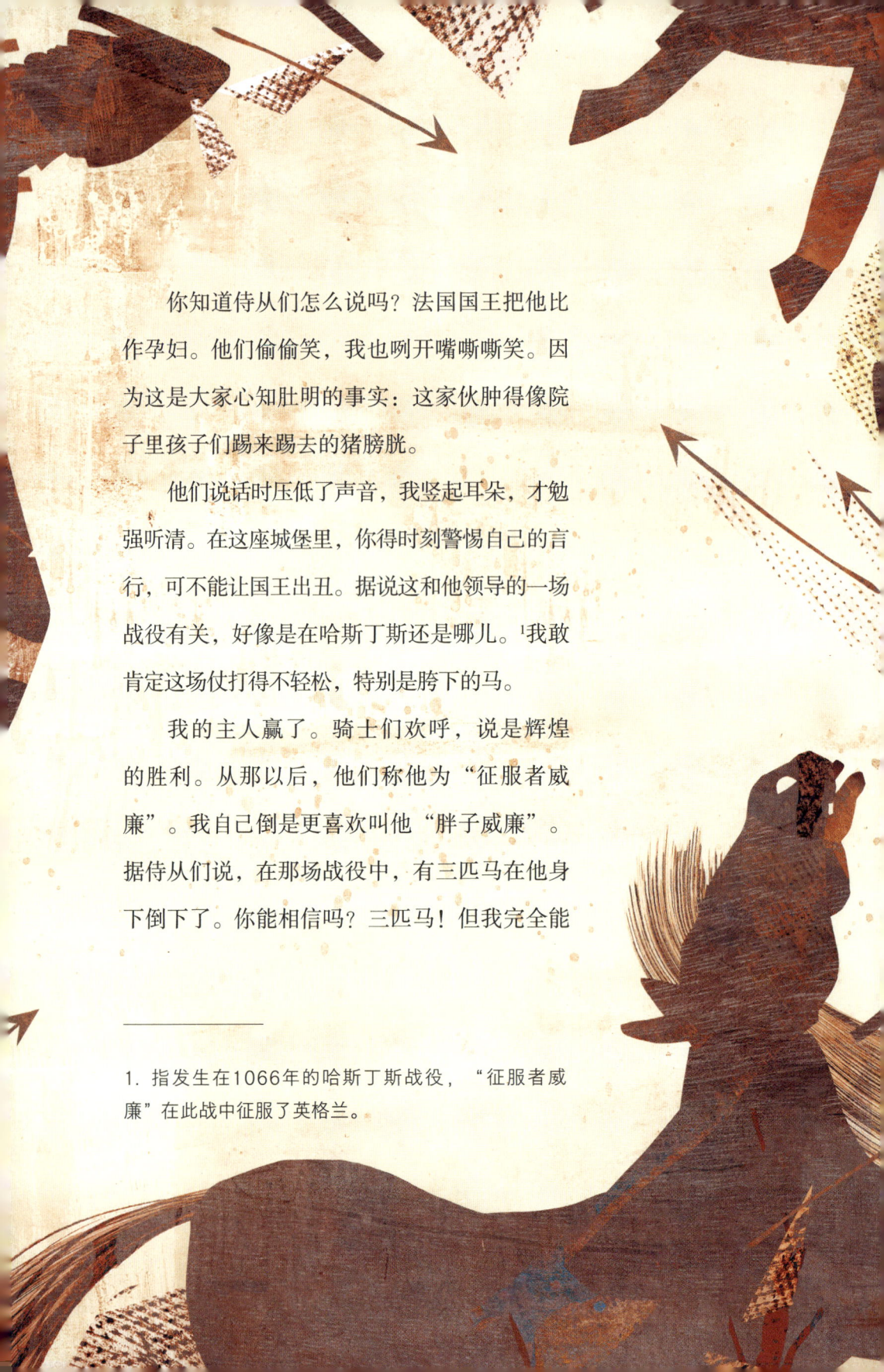

你知道侍从们怎么说吗？法国国王把他比作孕妇。他们偷偷笑，我也咧开嘴嘶嘶笑。因为这是大家心知肚明的事实：这家伙肿得像院子里孩子们踢来踢去的猪膀胱。

他们说话时压低了声音，我竖起耳朵，才勉强听清。在这座城堡里，你得时刻警惕自己的言行，可不能让国王出丑。据说这和他领导的一场战役有关，好像是在哈斯丁斯还是哪儿。[1]我敢肯定这场仗打得不轻松，特别是胯下的马。

我的主人赢了。骑士们欢呼，说是辉煌的胜利。从那以后，他们称他为"征服者威廉"。我自己倒是更喜欢叫他"胖子威廉"。据侍从们说，在那场战役中，有三匹马在他身下倒下了。你能相信吗？三匹马！但我完全能

---

1. 指发生在1066年的哈斯丁斯战役，"征服者威廉"在此战中征服了英格兰。

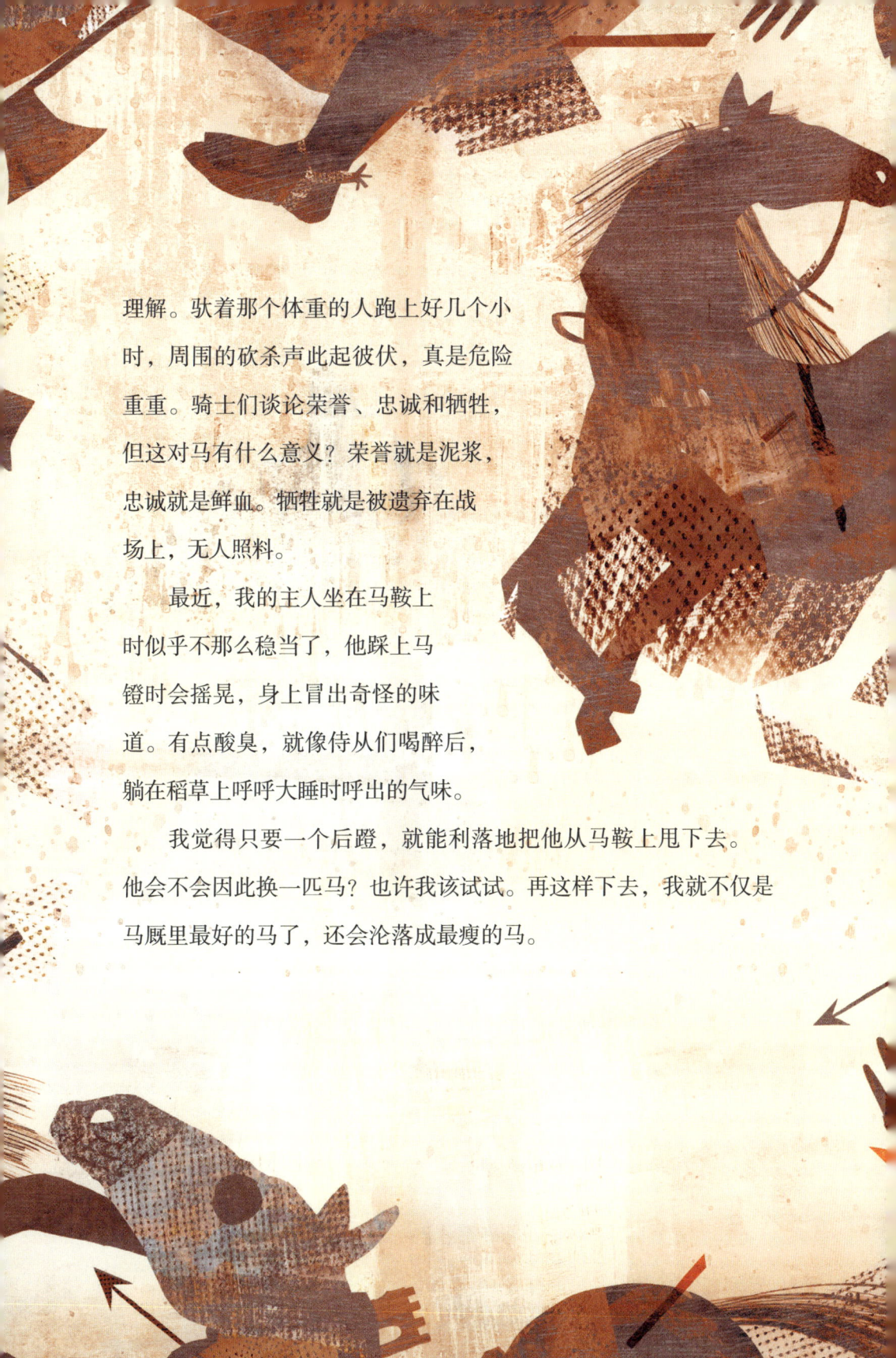

理解。驮着那个体重的人跑上好几个小时，周围的砍杀声此起彼伏，真是危险重重。骑士们谈论荣誉、忠诚和牺牲，但这对马有什么意义？荣誉就是泥浆，忠诚就是鲜血。牺牲就是被遗弃在战场上，无人照料。

最近，我的主人坐在马鞍上时似乎不那么稳当了，他踩上马镫时会摇晃，身上冒出奇怪的味道。有点酸臭，就像侍从们喝醉后，躺在稻草上呼呼大睡时呼出的气味。

我觉得只要一个后蹬，就能利落地把他从马鞍上甩下去。他会不会因此换一匹马？也许我该试试。再这样下去，我就不仅是马厩里最好的马了，还会沦落成最瘦的马。

动物作为战争工具

1066年之前，"征服者威廉"还只是被称为"私生子威廉"。顾名思义，他是个私生子。这个出生在法国的威廉（又称"诺曼底公爵"）是个野心勃勃的人。1066年，他率领一支由700多艘船组成的舰队前往英国，想要在那里成为国王。他与刚刚登上王位的哈罗德二世对抗。10月14日清晨，两军在哈斯丁斯小镇附近相遇。一场激烈的战斗爆发，"私生子威廉"获胜。他加冕成为国王，从此被称为"征服者威廉"。

这一切都发生在中世纪，那是骑士和城堡的时代。那些骑士是骑马的士兵，为国王或贵族效力，向他们宣誓效忠。侍从则是他们的仆人。

骑士的武器装备包括头盔、锁子甲和盾牌。他们使用的武器有剑、匕首、斧头、狼牙棒和弓箭。这些装备加起来可能重达几十千克。

那个时代的绘画中，马常常被描绘成高大、英勇的动物，这主要是为了展示马主人的权力。实际上，中世纪的马比现在的小得多。若以肩高来看，我们现在甚至会称它们为小马。

在中世纪，马匹被用作"战争工具"。战斗与其说是英勇的，不如说是残酷的。许多动物死在战场上。据记载，威廉在哈斯丁斯战役中不得不换了三次坐骑，因为他骑的马接连死去。这

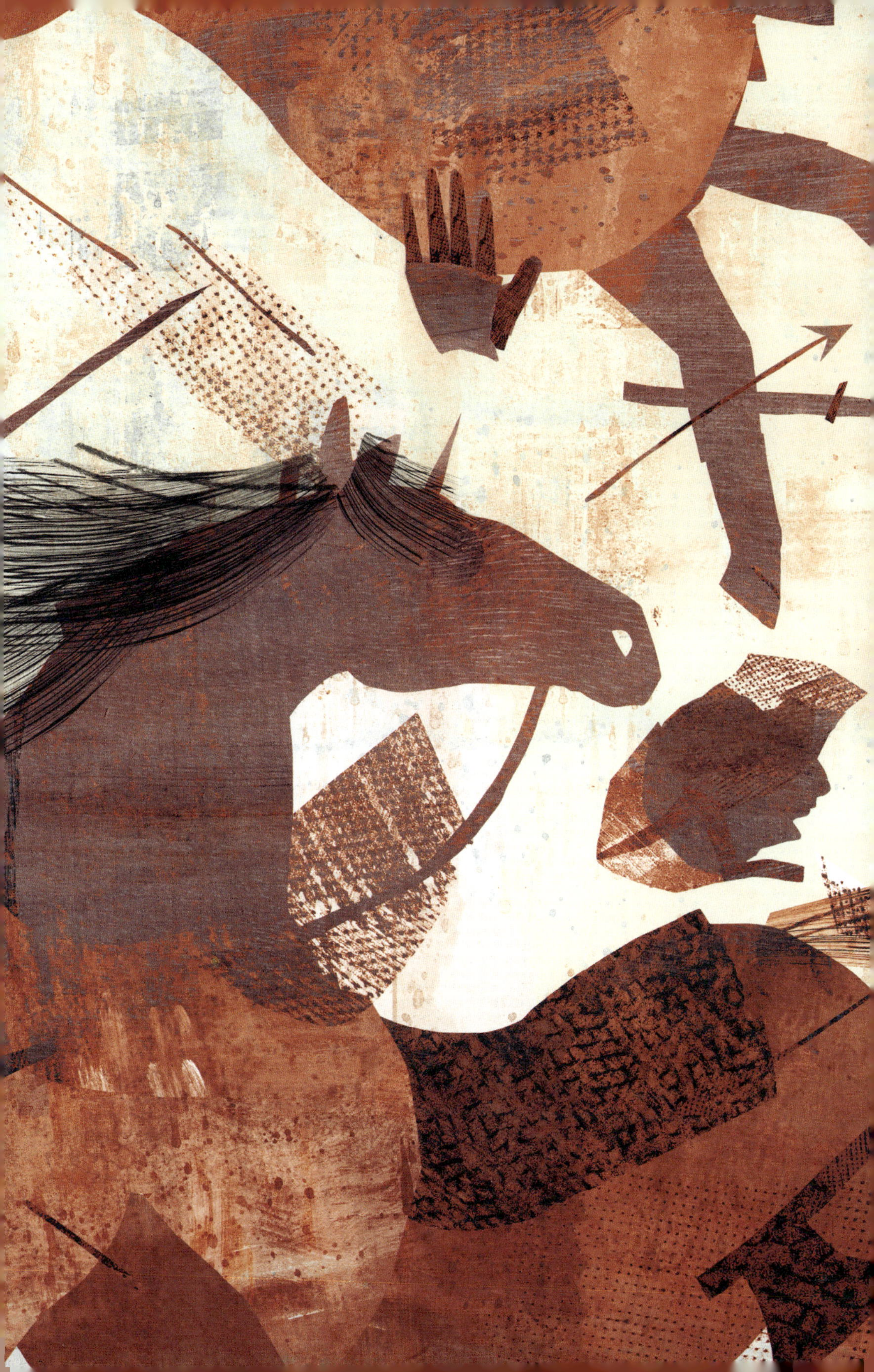

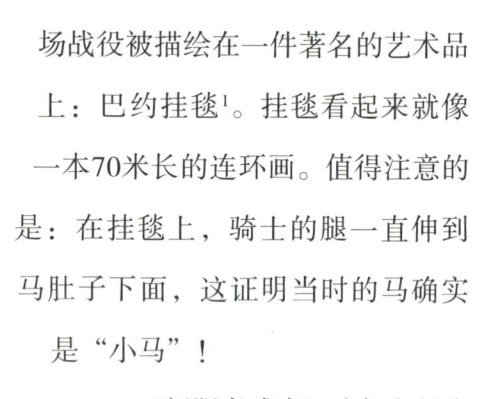

场战役被描绘在一件著名的艺术品上：巴约挂毯[1]。挂毯看起来就像一本70米长的连环画。值得注意的是：在挂毯上，骑士的腿一直伸到马肚子下面，这证明当时的马确实是"小马"！

"征服者威廉"晚年变得非常胖。为了减肥，他开始只喝葡萄酒。令他失望的是，这种节食法毫无效果。1087年，他从马上摔下来，死了。由于体形过大，他的遗体无法被装入棺材。人们试图用力挤压他的肚子将他塞入棺材时，他的身体破裂，内脏飞溅了出来。"征服者威廉"在英国被尊为英雄，但他的葬礼却臭气熏天，令人厌恶。

---

1. 2007年被列进《世界遗产名录》的巴约挂毯可能是世界上最长的连环画，记录了历史上有名的哈斯丁斯战役，具有很高的历史价值。这幅作品的特殊之处还在于，它不是用颜料和画笔绘成的，而是以亚麻布为底的绒线刺绣品。

科学小知识

狗、鸽子、猪、大象、海豚和萤火虫，这些动物都曾在战争中被使用。它们被用来守卫、传递信息、惊吓敌军的马匹、运输物资、探测地雷，或者在黑暗中为军人照明。但没有哪种动物像马那样频繁地被用作"战争工具"。

早在5000多年前，马就已经被用来拉着士兵的战车冲锋陷阵。后来，它们成为军人的坐骑。马是人类的好朋友，往往也是士兵临终前的最后伙伴——在被剑砍死或被枪打死之前。

1914年，第一次世界大战（1914—1918）爆发时，装甲车和坦克首次被大规模使用。但坦克会陷入泥潭，装甲车一旦燃料耗尽就无法启动。于是，人们又把马匹从马厩里牵了出来，因为马总是能继续前进——即使它们饥寒交迫。在第一次世界大战的四年里，有800万匹马丧生（这个数字相当于当时世界马匹总数的三分之一），它们死于伤痛、饥饿、疾病和疲惫。

最后一次两支骑兵交战发生在1939年9月，也就是第二次世界大战（1939—1945）开始的时候。从那以后，马匹主要被用来侦察或驮运物品，不再直接参与战斗。

老鼠与虱子

——1347年，西西里岛

老鼠："我要澄清一件事。"

虱子（天真地）："哦？"

老鼠："这是个天大的误会。"

虱子（偷笑）："嘻嘻。"

老鼠："几个世纪以来，我们遭受莫须有的指控，那是一场持续不断的诽谤运动。"

虱子（假装愤慨）："他们怎么敢！"

老鼠："那完全是无稽之谈。"

虱子（咯咯笑）："你们可真是被害得很惨哪。"

老鼠："嘿……嘿……这一点都不好笑，虱子。我来告诉你事情的真相。"

虱子（夸张地挥舞小旗）："洗耳恭听，老鼠大人！"

老鼠："那是1347年，中世纪晚期的欧洲。那年10月的某一天，一艘船在西西里岛靠岸。西西里岛是位于意大利西南方的一个

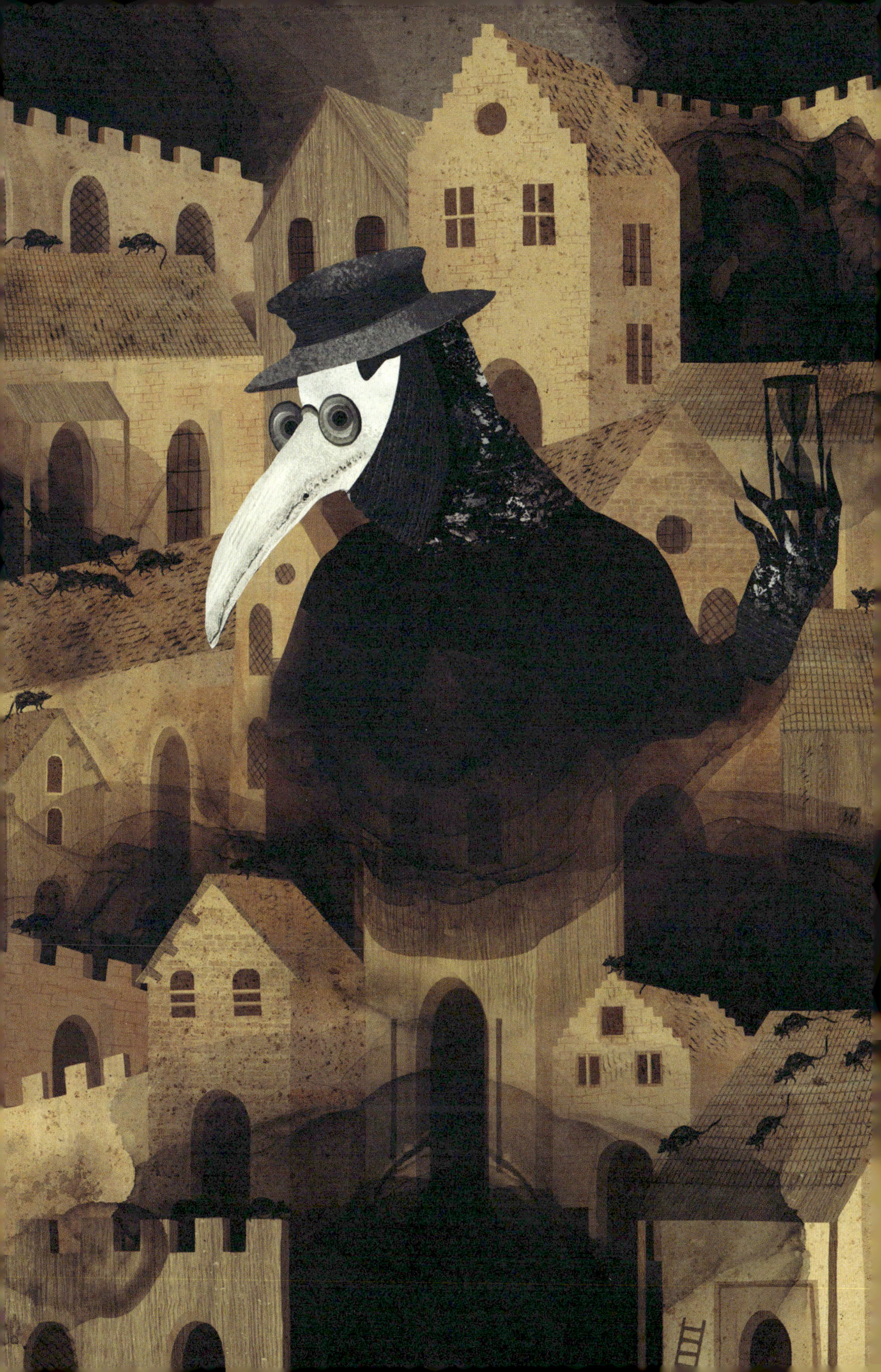

大岛。那个年代船只往来频繁，这并不是什么稀奇事。这艘船来自克里米亚。克里米亚是黑海上的一个半岛，位于现在的乌克兰南部。我不清楚他们船上装的是什么，可能是皮毛吧，也许是亚麻。亚麻是——"

虱子（打断）："说重点，老鼠！"

老鼠："总之，我的祖先们可能跟着一起航行了。我们老鼠就是喜欢远洋航行。船上当然还有船员，有些人染了病，在克里米亚就得了某种疾病。他们起初的症状是发烧、肌肉酸痛、头疼、乏力，接着是出现化脓的肿块，再后来就是：死亡。他们中的大多数都经历了这个过程。这些人的病情发展得飞快，从发烧到咽气不到一周。之后，疾病的传播速度更是惊人，像山火一样蔓延：先是西西里岛，然后是意大利本土，接着是整个欧洲……'呼啦'一下，哀号，痛哭，手足无措。死亡人数太多了！于是他们开始寻找替罪羊。"

虱子："而那个替罪羊就是……（故作戏剧性地停顿）你们！"

老鼠："没错，我们老鼠成了替罪羊。不过，不是一下子就发展成这样的。起初，人们认为这是上帝的惩罚，可没人敢指责上帝；后来他们把矛头指向犹太人，但是他们屠杀犹太人后疾病依然肆虐；于是所有人就把罪责推到我们身上。他们大喊：'瘟疫鼠！'——这就是他们给那个病起的名字：鼠疫——'疾病就是你们通过皮毛上的跳蚤传播的！'那时我的祖先就纳闷了：如果真是我们身上的跳蚤惹的祸，那该把责任推给跳蚤哇。你们爱叫它们'瘟疫跳蚤'还是什么都行，别把我们牵扯进去就是了。但事情并没有朝这个方向发展。在人们的脑海里，在历史书上，在维基百科上，总是出现这么一句话：黑老鼠是鼠疫的主要传播者。"

虱子（欢呼）："假新闻！"

老鼠："可不是嘛。"

虱子（夸张地叹气）："你们的名声就这样毁了。"

老鼠："而这其实都是你们的杰作。"

虱子（扬扬得意地）："没错，正是我们干的好事，是我们这些寄生在人类皮肤上和衣服里的虱子干的。我喜欢把它比作鼠疫细菌接力赛。我们先吸食被感染者的血液，然后再去叮咬健康的人，瞧，我们就这样把细菌传播开来了。"

老鼠："他们直到最近几年才发现这一点。"

虱子（愉快地）："就算这样，也几乎没有损害我们的形象呢。"

老鼠:"你们没有遭受围剿、谩骂和死亡威胁……"

虱子(安慰地):"我们没有又长又脏的尾巴嘛,我们是讨人喜欢的小痒痒虫。"

老鼠:"最多就是在班级群里被抱怨几句。"

虱子(趾高气扬):"那才不是在说我呢!那是在说我表哥——头虱。我可是挠人痒痒的体虱[1],总能全身而退。"(笑得前仰后合)

动物成为替罪羊

鼠疫是一种自14世纪起在欧洲肆虐的疾病。据科学家后来估计,14世纪的这场疫情夺去了约三分之一的欧洲人的生命。这种疾病是由耶尔森菌引起的,主要通过跳蚤和虱子传播。这些微小的寄生虫又借助哺乳动物,尤其是老鼠,四处扩散疾病。当老鼠与人类近距离接触时,带菌的跳蚤就可能从老鼠身上跳到人身上。因此,老鼠说它与此事毫无关系并不完全属实。但长期以来,人们认为每只带菌跳蚤都是从老鼠身上直接跳到人身上的,这种说法也不太准

---

1. 虱的一种。虱为不易观察到的无翅昆虫,属于寄生虫,靠吸食人血来生存。它们通过人与人之间的接触和共用衣物及其他个人用品传播。头虱和阴虱直接生活在人身上,而体虱生活在衣服和床上用品上。

确。事实上，一旦人类被感染，他们就能通过跳蚤（或者说衣虱）将疾病传播开来。2018年的一项重要研究表明，这正是鼠疫能在欧洲如野火般蔓延的关键。最初是老鼠将致命的细菌带到人类社会，但最终疾病是通过跳蚤和虱子在人与人之间快速传播的。

当时的医生对鼠疫的来源一无所知。正如人们常常面对无法解释的灾难时那样，这种疾病被视为上帝的惩罚。后来，犹太人成了无辜的替罪羊。他们似乎对这种疾病有更强的抵抗力，这让其他人感到可疑。现在我们知道，这是因为犹太社区遵循更严格的卫生规范，所以他们居住的区域跳蚤和虱子较少。但是当时的人们并不了解这一点。谣言四起，犹太人在水源和河流中下毒，导致大批人死亡的故事在坊间流传。这种毫无根据的指控最终导致数万无辜的犹太人惨遭杀害。再往后，黑老鼠被认定为疾病的主要传播者。

科学小知识

流行病指在某一时期内，大量人群感染同一种疾病的现象。中世纪欧洲的鼠疫就是一个典型的例子。但是，流行病并不仅仅存在于历史书上的故事里。在当今世界的一些地区，肺结核（俗称"肺痨"，医学上简称"TB"）和疟疾等流行病仍然十分常见。

猪
——1457年，法国

小猪1："太过分了！"

小猪2："残忍！不公平！"

小猪3："我们的母亲被杀害了！"

小猪4："它是世上最棒、最耀眼、最谦逊的母猪。"

小猪5："它被吊死在最高的绞刑架上。"

小猪6："它的后腿还在使劲蹬。"

小猪1："我们曾和她一起被关在监狱里。"

小猪2："他们起初也怀疑我们。"

小猪3："我们这群无辜的小猪崽！"

小猪4："仅仅因为我们身上沾了血。"

小猪5："这再正常不过了……"

小猪6："沾在母亲身上的，自然会沾到我们身上。"

小猪1："都是因为那个男孩。"

小猪2："农夫家的那个讨厌鬼。"

小猪3："他经常爬进我们的猪圈。"

小猪4："拽我们的尾巴。"

小猪5："捅我们的鼻子。"

小猪6："我们就像小猪崽一样尖叫。"

小猪1："但农夫呢？他装作什么都没听见。"

小猪2："我们的母亲替农夫做了他'忘记'做的事。"

小猪3："我们在天堂里的母亲。"

小猪4："它那时还没上天堂。"

小猪5："它冲那小子追过去……"

小猪6："然后他被绊倒了。"

小猪1："这是他最后一次被绊倒。"

小猪2："我们的母亲牢牢抓住了他。"

小猪3："农夫气疯了。"

小猪4："那孩子一直都是个讨厌鬼。"

小猪5："之后，我们被治安官带走了。"

小猪6："狱卒推上了门闩。"

小猪1："我们七个就这样被关在牢房里。"

小猪2："还好我们有个辩护人。"

小猪3："他说我们有很大胜算。"

小猪4："他坚定地表示：这都是农夫自己的错。"

小猪5："过失致死——因为他疏忽大意，没好好照看自己的孩子。"

小猪6："这招管用。农夫也被捕了。"

小猪1："这只是暂时的。疏忽大意毕竟不如谋杀那么严重。"

小猪2："有8个证人被传唤做证。"

小猪3："法官会仔细权衡。"

小猪4："我们的辩护人尽力了。"

小猪5："'你们会没事的。'他微笑着安慰我们，还挠了挠我们的耳朵。"

小猪6："但他也帮不了母亲。"

小猪1："刽子手把它从牢房里拖了出去。"

小猪2："它尖叫起来。"

小猪3："我们跟着尖叫起来。"

小猪4："一切无济于事。"

小猪5："我们最亲爱的母亲。"

小猪6："如今永远在天堂里。"

动物作为被告

1457年12月，在法国萨维尼，一头母猪因被控谋杀5岁的让·马丁而出庭受审。它的6只小猪崽因沾有幼童的血迹，也一同站在被告席上。

在中世纪欧洲，对动物进行审判是很常见的。马、狗、羊、猪、老鼠、蝗虫、象鼻虫……甚至海豚都曾被带上法庭。它们接受的审判程序与涉嫌犯罪的人完全一样，都有原告、辩护人和证人。

动物审判分为两种类型。首先是针对个体动物的审判，比如伤人或杀人的狗或马。其次是针对害虫的审判，如吃光庄稼或破坏收成的老鼠和蝗虫。这些是人类无法控制的动物。你也不可能把它们全都抓起来关进监狱，所以它们受到特殊对待。对害虫的审判在教会法庭进行，处罚通常是被逐出教会。这意味着被告必须在指定日期离开犯罪地区，永远不得返回。

这一切听起来像不像个天大的笑话？中世纪的人们可是非常认真的。那时候，人们与动物的关系非常亲密。他们不把牛、羊、猪当作物品，而是将它们视为有自主意识的生命。你可以说，那时的动物法比现在更先进，因为在那时的刑法中，动物和人受到同等对待，审判程序同样严肃，处罚同样严厉。而人们之所以给动物定罪，是因为他们认为动物是有意犯错的。比如，一只在被告席上狂叫的狗会比安静的狗受到更重的惩罚，因为它被认为是故意拖延审判进程。

在所有动物中，猪是最常被起诉的。它们在街上自由游荡，有时会引发暴力冲突。通常的惩罚是倒吊后腿。咬死萨维尼农夫儿子的那头母猪就是这样被处决的。至于它那6只沾血的小猪崽，法官就不太确定该如何处置了。最终，由于证据不足，它们被宣告无罪。它们还未成年，而且没人看见它们也咬了让·马丁。此外，法官认为，小猪崽也不该为有这样暴力的母亲而受罚。

那么海豚又是怎么回事呢？那是1596年发生在法国南部海滨城市马赛的一起诉讼。可惜的是，历史并没有记载海豚被控告的具体罪名，我们只知道它们被起诉并被处死了。

科学小知识

在中世纪的西欧，罗马天主教是最主要的宗教。教会与日常生活紧密相连，包括司法审判。被逐出教会是教会可以对教区居民（即教会成员）施加的一种惩罚。这种惩罚针对的是犯了罪的人，意味着他们被驱逐出教区。这种惩罚也可以施加给从不去教堂的教区居民，比如老鼠和昆虫。但即便如此，对它们来说，被逐出教会应该仍然是很严重的事。被判刑的象鼻虫和蝗虫最好还是遵从这个判决，否则它们的命运可能比单纯的驱逐要糟糕得多。

牛

——1510年，印度

请别误会我们。我们确实感到很荣幸。母性是美好的，我们为自己的小牛犊感到自豪。只是，在人类眼中，我们似乎也成了他们的母亲。我们可能不是最聪明的动物，但作为牛，仍然不禁会想：这怎么可能呢？我们努力去理解这一点。开始留意人类的种种行为后，我们不得不承认：有时人类确实表现得像小牛犊。他们在我们周围徘徊，喝我们的奶。有时还会有人靠在我们身上，就像累坏的小牛犊那样。

但人类也会做一些小牛犊想都不会想到的事。比如什么？嗯，他们收集我们的粪便。没错，就是我们经过一天悠闲吃草后排泄出来的废物。

我们的理念是：随地大便后再也不回头看。至少我们是这么坚持的。但人类不这样。他们准备好草叉，将所有粪便都铲了起来，一堆也不留下。老实说，这样确实能让地面保持整洁。但我们还是搞不明白，粪便能派什么用场呢？

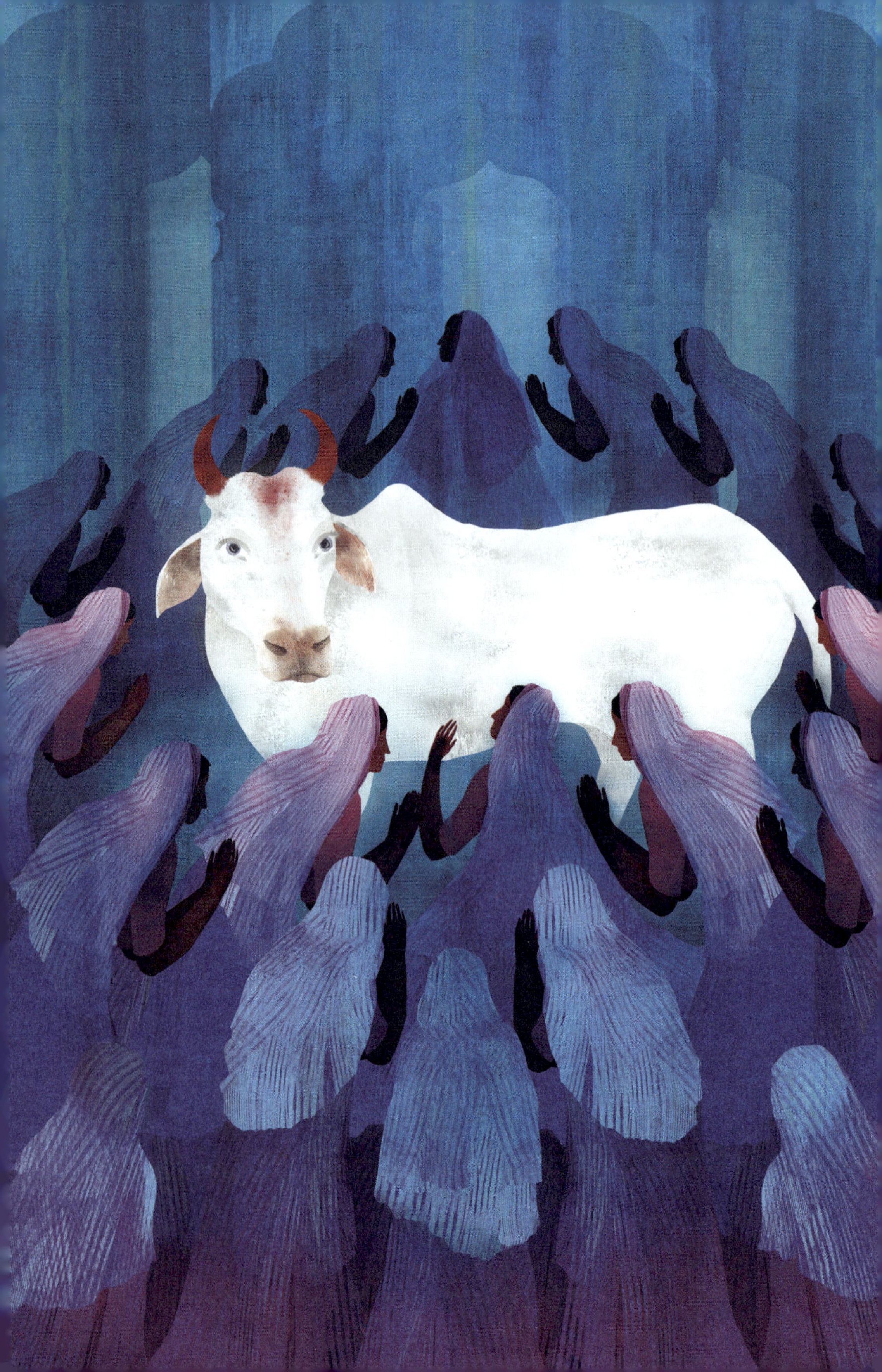

更奇怪的是：人类居然喝我们的尿液。不相信？真不是我们在瞎编。如果这件事是别人说的，我们自己也不会相信，但这是我们亲眼看到的。他们在我们身后放一个桶，把杯子浸在桶里，再放到嘴边。小牛犊第一次看到这一幕时，简直不敢相信自己的眼睛。我们不介意他们这么做，但把尿就这么喝下去……

你看，我们是牛，牛脑袋能承受的信息量是有限的。我们喜欢简简单单的事：一片可以吃草的田野，一棵可以遮阳的树，一个可以安全生产小牛犊的庇护所。对人类来说，这还不够。他们想要更多。更华丽，更喧闹。他们给我们的脖子挂上花环。我们把这些花吃掉了，但他们并不在意，只是继续摘新的花给我们挂上。

他们还为我们建造东西——不是牛棚。牧群中有头牛听他们讨论，说他们称之为"庙宇"。我们不太清楚"庙宇"是什么，但对人类来说，那应该是个很重要的地方。有时他们会带我们其中一头去那里。我也去过。跨过门槛时，我吓了一大跳——里面竟然站着一头陌生的牛。我的蹄子顿时僵住了，但人类轻轻地推着我向前，我只好继续走。你猜怎么着？那头牛竟然是石头做的。一头石牛！现在你明白为什么我们理解不了人类了吧？

对牛来说，这个世界是难以理解的。不过，虽然我们的头脑很小，我们的心却很大。如果人类把我们当作母亲，我们也很乐意接受这个角色。

动物作为圣物

印度教是世界上最古老的宗教之一。这一宗教起源于公元前7世纪，如今巴基斯坦、阿富汗和印度所在的地区。印度教的一个特点是信徒相信多个神祇，另一个特点是他们崇敬牛。印度教徒认为，牛是所有神灵和所有印度教徒的母亲，是一种神圣的动物，必须受到尊重。印度教中，食用牛肉或屠宰牛都是被禁止的。违反禁令的人很可能因此入狱，甚至遭到更严重的惩罚。

牛真正获得这种特殊地位是在16世纪。根据印度教徒的说法，所有生命都是神圣的，但有些比其他更神圣。牛被视为无私的动物，因此成为母亲的象征；牛能提供牛奶，牛奶可用来制作黄油、酸奶和酥油；牛的尿液据说可以用来给伤口消毒，有些人甚至相信牛尿可以作为治疗疾病的药物；晒干的牛粪可以用来生火，还可以用来给房屋隔热或肥沃土地。用途如此广泛、如此无私奉献的动物，理应获得特殊地位。就这样，人们通过在庙宇中塑雕像和在节日期间游行纪念神牛。印度教徒称它为"牛母亲"。

如今，全世界约有10亿印度教徒，其中大多数居住在印度。这些印度教徒越来越因他们的圣牛感到困扰。只要牛能产奶或在田里工作，它们就是有用的；但一头乳房干瘪的奶牛或一头站都站不稳的公牛，根本没什么用处。过去，这些老牛被偷偷卖到屠宰场——这当然是不被允许的。因为根据印度教教义，屠宰牛是被严令禁止的，但这种情况还在暗中进行。非法屠宰场由穆斯林经营，他们在印度是少数群体。穆斯林的信仰禁止他们吃猪肉，但允许他们吃牛肉。这就导致印度教徒和穆斯林之间的紧张关系不断升级。印度教极端分子甚至表示：杀一头牛就等同于杀死所有印度教徒的母亲。他们迫害和虐待穆斯林。有时，甚至以保护"圣牛"的名义杀害穆斯林。

那些曾经偷偷把老牛送到屠宰场的印度教农民，现在越来越不敢这么做了。不仅屠宰牛的人会犯下亵渎神明的罪，把牛送到屠宰场的人也是共犯。因此，农民们开始把没有用的牛赶到街上——照料这些牛直到自然死亡会花费太多钱，这些牛必须自己照顾自己，自生自灭。

尽管困难重重，它们确实在自力更生。印度的村庄和城市到处都是流浪牛，这里洗劫一个蔬菜摊，那里偷一个面包，吃光农田，翻垃圾堆，堵塞十字路口，引发交通事故。这种情况非常讽刺：尽管拥有神圣的地位，许多"蹄子圣人"却过着悲惨的生活。

🔎 科学小知识

在几乎所有的宗教中，动物在饮食和仪式中都扮演着重要角色。一些宗教将动物视为食物来源，而其他宗教，如印度教和佛教，则选择植物作为食物。对待动物最友善的宗教是耆那教。耆那教的大多数信徒居住在印度。耆那教徒相信人死后会重返人间，可能是以人的形式，也可能是以动物的形式。因此，耆那教徒拒绝任何形式的暴力，奉行严格的素食主义，甚至拒绝食用胡萝卜、土豆等根茎类蔬菜，理由是摘除根部会让植物失去生长的机会。

北极熊
——1596年，新地岛

我爱白色。深陷至腹部的雪，绵延至天际的冰，无边无际的空旷。

我也爱黑色。冰原上的一处浮冰孔，泛着泡沫苏醒的幽暗水面，还有海豹那湿润的皮毛，以及它喷着水雾的呼吸。

啪！

没有猎物能逃脱我的利爪。我是万兽之王，冰雪的统治者。

新来的生物像海豹一样来自海洋，但也仅此而已。他们没有从浮冰孔钻出来，也不在冰面上滑行。他们坐在一块漂浮的"木头"上，摇摇晃晃地登陆。

如今，那木头不再漂在水中。他们把它拖过雪地，搭建成地面上的窝棚。黑色的轮廓与白色的雪地对比强烈。

新来的生物像土拨鼠一样躲在窝棚里面。我看不见他们，但能闻到他们的气味——肉味。我用爪子抓挠木头。他们在里面尖叫，敲打木板。他们以为这样就能吓跑我？他们不知道我是谁吗？

昨天,他们中的两个从窝棚里偷偷溜出来。他们的脚陷入雪中,发出很大的动静。蠢货!我远远就听到他们来了。一对刚从巢穴出来的北极狐也听到了,它们飞快地逃走了——那些新来的生物永远追不上它们。突然,一声巨响传来,那声音在冰原上回荡,母狐应声倒地。那两个笨拙的生物匆忙跑了过去。是他们杀死了母狐?他们是怎么做到的?明明他们之间隔着很远的距离。

我决定去一探究竟。不是为了捕食这些生物——早上我抓了只冠海豹,肚子已经很饱了。我只想知道他们是如何做到远距离捕猎的。一看到我,他们就慌忙逃窜。他们跑得慢吞吞的,连冠海豹都能追上他们。慌乱中,他们丢下了什么东西。我嗅了嗅,那东西又硬又冷,还有一种奇怪的气味。他们是用这个杀死北极狐的吗?我用爪子拍打它,什么也没发生,只有那两个生物在远处尖叫。我朝他们的方向迈了几步,发出震天咆哮。他们跌跌撞撞逃跑了。我任由他们离开。冬天还很长,这种生物不值一提。总有一天,他们的鲜血会染红雪地。没有谁能逃脱我的利爪。我是万兽之王,冰雪的统治者。

我爱白色。

我也爱黑色。

但我最爱的是红色。

啪!

动物作为敌人

威廉·巴伦支[1]身兼数职：他既是航海家，又是制图师，还是探险家、远征队长和极地研究员。这种敢于尝试不同领域的冒险精神使他声名远播，有一片海域甚至以他的名字命名，即巴伦支海。

16世纪的荷兰正在寻找一条新的通往亚洲的贸易航线。南半球的海上航线被葡萄牙人所控制。因此，荷兰人将目光投向了北方：那里会不会有一条通往东方的捷径？

三次远征均由威廉·巴伦支率领。他们最后一次远征于1596年5月10日从阿姆斯特丹出发。

船只顺利地沿着挪威、熊岛[2]和斯瓦尔巴群岛[3]航行。他们向东北方向驶去，直到在一个俄罗斯岛屿附近被浮冰困住。

威廉·巴伦支很快就发现，极地冰层是无法征服的。他们只有一个选择：在陆地上过冬，等待春天的到来。他将这个冰冷的地方

---

1. 威廉·巴伦支（1550—1597）是荷兰"黄金时代"著名的航海家和探险家。荷兰"黄金时代"指17世纪荷兰在经济、科学、艺术等方面全面繁荣的时期。巴伦支海是北冰洋的一部分，位于挪威和俄罗斯之间，以纪念巴伦支的探险事迹而命名。
2. 熊岛是巴伦支海西缘的一个挪威岛屿，是斯瓦尔巴群岛最南端的岛屿。它因早期探险者在此发现北极熊而得名。
3. 斯瓦尔巴群岛是位于北冰洋的挪威群岛，位于挪威本土和北极之间。这个群岛以其独特的北极生态系统和极地景观而闻名。

命名为"新地岛",意思是:新的陆地。他们用浮木和船上的木板建造了一个庇护所,并将之称为"安全房"——这个名字寄托了他们对平安度过严冬的希望。事实上,它更像一个小屋而非房子。极地的寒风呼啸着穿过小屋的缝隙。饥饿的北极熊在墙壁上抓挠。晚上,船员们会把加热的炮弹放在床下以保暖。当极夜笼罩大地,世界陷入漫长的黑暗时,他们用沙漏来记录时间的流逝。

1597年6月,冬天终于过去,船员们驾驶两艘小艇驶向公海。巴伦支没能活着回来。他跌入冰中,不久后就去世了。尽管使命未能完成,但他的名字流传千古。船上的一名低级军官记录下他的冒险经历,威廉·巴伦支因此被载入史册,成为他那个时代最勇敢的探险家之一。在新地岛上,除了严酷的环境,北极熊是巴伦支和他的船员遇到的最大敌人。

16世纪的火枪和步枪在极寒环境中难以发挥作用,斧头和戟似乎也难以穿透北极熊厚实的皮毛。在探险过程中,多名船员不幸被北极熊夺去生命。

如今,局势已经发生翻天覆地的变化。地球正在变暖,而这次的元凶是人类。北极冰盖正在消退,北极熊的栖息地正在消融。饥肠辘辘的北极熊为寻找新的猎场,越来越频繁地向南方进发。

2022年4月30日,加拿大一个村庄的居民被突然出现在后院的北极熊吓得目瞪口呆。这是有史以来首次在如此靠南方的地区发现北极熊的踪迹。

在短短4个世纪的时间里，双方的角色发生了戏剧性的转换。北极熊不再是人类的天敌，人类反而成为北极熊生存的最大威胁。

科学小知识

长期以来，气候变化一直是独立于人类的自然过程。直到200多年前，随着工业革命[1]的到来，这种情况才开始发生改变。蒸汽机的发明以及天然气和电力的广泛使用彻底改变了人类的生活方式。与此同时，另一个变化也在悄然发生：大气中的温室气体含量开始攀升。

温室气体能够延长热量在大气中的滞留时间，导致地球温度上升。没有温室气体，地球将是一个寒冷刺骨的星球。但过多的温室气体同样有害，会导致地球变得过热。二氧化碳是一种主要的温室气体，主要由汽车、工厂和飞机燃烧化石燃料（石油、天然气和煤炭）产生。甲烷是另一种温室气体，来源于逐渐升温的沼泽地，以及牛的反刍和排气——由于人类对肉类和乳制品的需求增加，这类动物的数量也在不断增加。因此，全球变暖直接源于人类行为。温度越高，对世界的影响就越大——这些信息并不新鲜。气候变化每天都占据媒体头条，伴随着此起彼伏的警报和警钟。

全球变暖的一个严重后果是生物多样性[2]的减少。由于生存环境的剧变，许多动物和植物正面临灭绝的威胁。一些物种的生存已经受到直接冲击，北极熊就是其中最著名的例子。站在融化浮冰上的北极熊，已经成为全球变暖的生动象征。

---

1. 工业革命始于18世纪60年代的英国，随后扩展到全球，彻底改变了人类的生产和生活方式。

2. 生物多样性指地球上所有生物物种及其变异体、生态系统和生态过程的复杂性总称，对维持地球生态平衡至关重要。

抹香鲸
——1680年，日本

咔嗒，咔嗒。

听到了吗？

北纬33度，东经138度，深2946米——那里有只"巨型"乌贼。对我来说，它不过是个小家伙。2米长，不超过30千克。值得下潜吗？也许下面还有几只龙虾在爬。再听听。咔嗒，咔嗒，咔嗒。没错，龙虾，离这儿100米。这趟下潜值了。

扑通！

我潜下去了。

每次它们都很惊讶。螃蟹、龙虾、章鱼、蝠鲼、睡鲨……它们目瞪口呆地看着我：这么笨重的哺乳动物怎么能潜这么深？不过，它们没有那么多时间去惊讶。我的嘴很大，它们轻松滑入，连鲨鱼也不例外。

要不是我得把它们吃掉，我会这样解释。听着，小家伙们，我是抹香鲸，从呼吸孔到尾巴长17米，重50000千克，体内流淌着

3000升血液。我的血液里含有大量氧气，足够在水下待2个小时。你觉得我的脑袋怎么样？可能有点方方正正的，里面可是有我的鲸蜡器官。

你问鲸蜡器官是什么？

算了，其实也不关你的事，乖乖进我肚子里去吧，我这50000千克可不是白来的。不过我可以耐心地给好奇的同学解释一下：我脑袋里的那个器官能帮我下潜，当我需要氧气时又帮我上浮。这听起来有点复杂，它跟里面的物质有关。蜡状物质，对温度变化敏感，叫作鲸蜡。别再问了，我看穿你的小心思了。总有一天我会把你吃

掉，迟早的事。别以为你那长长的触手和箭一样的身体能逃得掉。看，我已经逮到你了。

咔嗒。

在所有鲸类中，我们是潜得最深的潜水健将。我们的咔嗒声在水中回荡，我们靠它找到猎物。我们深吸一口气，就能潜到海底，消失几个小时。海底爬满了我们的"盔甲早餐"。巨型乌贼在那儿游来游去，运气好的话，我还能逮到魟鱼或鲨鱼。

我们喜欢潜入海平面下几千米的地方还有另一个原因。这跟我们希望在深海寻找的猎物无关，而是为了躲开水面上的麻烦。他们坐着木船来，船上装着些危险玩意儿，他们一挥手，就把那东西甩过船舷，要是那东西击中了你，你就永远挣脱不了。我亲眼见过，海洋被同伴的血染成了红色。

该上浮吗？我还有半小时的氧气储备。

咔嗒，咔嗒。

再听听。

北纬33度，东经136度，一艘船正破浪前行。唉，我还是在下面多待会儿吧。

动物作为会游泳的金矿

最早吃鲸鱼的人是拾荒者：他们吃的是搁浅在海滩上的死鲸肉。当人类发现海洋是个狩猎场时，情况就改变了。岛国日本是最先捕鲸的国家之一。山多地少的日本人将饥渴的目光投向了大海。12世纪时，他们首次使用鱼叉——一种带倒钩的长矛，并用绳子绑住它，将它掷向鲸鱼。

对日本人来说，鲸鱼有的不仅仅是肉。鲸脂可以提炼油脂点灯，骨头可以磨成肥料，头部的龙涎香[1]可以用来制作香水，柔韧的鲸须可用于制作鱼竿和紧身衣。日本人说，除了叫声，鲸鱼身上的东西都不要浪费。他们"珍惜"这些会游泳的"金矿"。

西方世界也发现了鲸鱼，但他们只对鲸须和鲸油感兴趣。欧美的灯要一直亮着，工厂要时刻运转。于是，船只变得更快，鱼叉也能自动发射了。抹香鲸因其厚实的脂肪层而备受青睐。不久之后，海里的抹香鲸越来越少了，其他鲸鱼种群也开始锐减。

一些国家认为不能再这样下去了，这些海中巨人不能就这样消失。1946年，国际捕鲸委员会（IWC）成立，其成立的目的是控制捕鲸并保护鲸鱼。这多少起了点作用，但还不够。所以1986年国际捕鲸委员会宣布：暂停捕鲸。我们得给鲸鱼时间恢复它们的数量。这招效果更好。按照挪威和冰岛的说法，几年后他们就重启了捕鲸活动。日本也重新开始了，不过他们把捕鲸的行动美化为"科研"。

从那时起，捕鲸业就陷入困境。有的国家无视规则，有的则钻法律空子。在日本，他们已经放弃了"科研"的幌子。现在他们公开为了鱼肉和金钱而捕鲸。日本人说这是他们的传统，外界无权干涉。他们愤怒地指责：绿色和平组织等动物权益组织试图阻拦他们的船只。

然而，这些年来情况确实有所改变。想保留捕鲸传统的主要是

---

1. 龙涎香是一种来自抹香鲸消化系统的珍贵物质，古时用于制作香水，现在大多用合成替代品。

年长的日本人，新一代日本人认为传统没那么重要，他们更喜欢吃寿司。日本人称，他们平均每年只吃40克鲸肉，这只相当于半个苹果的重量。

科学小知识

善待动物组织（PETA[1]）是世界上最大的动物权益组织之一。PETA认为所有动物都应受到尊重。为了传播他们的理念，他们有时会策划一些引起轩然大波的活动。2001年，在国际捕鲸委员会的一次会议上，PETA的横幅上赫然写着"吃鲸鱼肉吧！"。这个想法乍听离奇：如果你想吃肉，那就吃鲸鱼肉。理由是：动物越大，提供的肉越多，需要杀死的动物就越少。PETA举例说明，蓝鲸是世界上最大的动物。一头蓝鲸提供的肉量相当于7万只鸡。而且，蓝鲸在海洋中自由自在，不像最终被端上餐桌的鸡，一生都挤在狭小的笼子里。他们的结论是：一个"鲸鱼汉堡[2]"造成的动物苦难，远少于一盘鸡块。

这番言论立即招致众怒。人们纷纷质问：一个动物权益组织怎么能鼓吹吃鲸鱼肉的行为，而且鲸鱼还是濒危物种？！

当然，PETA并非真心提倡食用鲸鱼肉，而是反对食用鸡、牛等其他动物。通过这次震撼性的行动，他们意在揭示一个残酷现实：为满足人类的肉食欲望，究竟有多少动物付出了生命。

---

1. PETA：全称为"People for the Ethical Treatment of Animals"，成立于1980年，是全球最知名的动物权益组织之一。
2. 一个虚构的概念，用来对比常见的汉堡，强调用一头大型动物可以提供大量肉食。

狗

——1796年，法国

你好，我叫福宝，能带来福气。这不是我自夸，是夫人说的，她每天要说上百遍："宝贝，你能给我带来福气！"其实，小时候我就叫"福宝"了，但她是不久前才开始夸赞我能给她带来福气的。那段时间夫人不在家，是她的孩子们照顾我。每次出门前，他们都会调整我的项圈。我并不在意，任由他们摆弄。很快，我会在一个陌生的地方见到夫人。那里的空气中弥漫着某种威胁，有些阴冷。奇怪的是，一看到她我就忘记那种威胁。我摇着尾巴，她给了我千万个吻，说我是她的"宝贝"。然后，我的项圈又得调整，这次

是她亲自动手。后来夫人终于回家了。她给我吃各种美味，晚上我还可以和她一起睡觉。我真是一只幸福的狗狗哇。

只是，最近有个男人出现在我们家，他总是用凶狠的眼神瞪我。我不喜欢他。他对夫人说甜言蜜语，"亲爱的"长"亲爱的"短的，但只要夫人不在，他就是另一副面孔。"丑得要命，脾气还臭，讨人嫌得很！"最近他常常这样对我乱叫。汪呜，救命啊！瞧他那德行，还真把自己当成人见人爱的大帅哥了！有次他抬脚要踢我，幸亏我溜得快，躲到了长沙发底下。真想狠狠咬他一口，可惜一直没找到机会。

直到昨天。

那天真古怪。我们一大早就起床了，却没时间去公园散步。我只能在花园里匆匆方便了事。夫人在镜子前站了好几个钟头，涂脂抹粉，喷洒香水，然后"砰"的一声关上门出去了。她离开了好久，久得吓人。我焦躁不安地在屋里来回走动。

直到深夜她才回来。我的零食早就吃完了，实在憋不住，还在窗帘后面拉了泡屎。我气得毛都竖起来了，她怎么能把活生生的一只狗丢在家里这么久？！

那个男人跟她一起回来了。汪呜，他现在连晚上也要留下了吗？

我的狗狗老天爷呀！他的嘴巴又像抹了蜜糖，开始"咕咕咕"地对她甜言蜜语，她也"咕咕咕"地回应。他们一起上了楼，我赶紧跟在后面。不会吧，她不会让他上我们的床吧？她真这么干了。我三步并作两步跳上了床。

就这样，我们仨躺在一起。那个男人跟我一样不爽。他嘟囔了几句难听的话，想把我赶下去。哈！他这回可碰了一鼻子灰！夫人根本不买他的账。她说，要是他不乐意，现在就可以卷铺盖走人。不，这可不是开玩笑。她可认真了。要么凑合，要么滚去别处睡。

我高兴得尾巴都要摇断了，狠狠咬在那男人的脚踝上。他只敢小声骂我几句。

动物趣事录

福宝其实是约瑟芬·德·博阿尔内的哈巴狗，约瑟芬是拿破仑·波拿巴的妻子。拿破仑是个法国将军，野心勃勃又战功赫赫。他的军队所向披靡，征服了欧洲大片土地。1804年，拿破仑自封为皇帝，约瑟芬也成了皇后。他颁布了新的法典，宣称法律面前人人平等。他还推行了户籍制度：从那时起，每个人都有了固定的姓氏。

拿破仑和约瑟芬堪称历史上最著名的恩爱伴侣之一。在遇到拿破仑之前，约瑟芬曾嫁给另一位将军。1794年，那位将军锒铛入狱，约瑟芬也难逃牢狱之灾。他们的孩子轮流来探望他们。每次来探望，孩子们都会带上福宝。

他们在福宝的项圈里偷偷夹带纸条，与父母传递消息。最终，那位将军被杀，约瑟芬则死里逃生。后来她遇到了拿破仑，1796年

3月9日，两人在巴黎市政厅举行了婚礼。

新婚夜，拿破仑发现福宝霸占了约瑟芬的床，这让他特别不高兴。他曾向朋友抱怨这只狗"丑得要命，脾气还臭，讨人嫌得很"。拿破仑坚持要把狗赶出卧室。但是自从福宝在监狱里勇敢地帮忙传递纸条后，它就成了约瑟芬眼里可爱的小天使。约瑟芬是个不折不扣的动物爱好者，后来还建了自己的私人动物园。她告诉拿破仑，要是他不乐意，可以自己去别的地方睡。拿破仑只好不情不愿地挤在福宝旁边。然而当他和约瑟芬卿卿我我时，福宝狠狠地咬了他的脚踝一口，为他留下了一道疤痕。

不久后，拿破仑前往意大利，开始了新的军事征程。第二年，约瑟芬带着福宝去米兰的一座城堡看望他。在城堡花园里，福宝遇到了厨师养的斗牛犬。福宝喜欢咬人，对其他动物也不客气。它一口咬在斗牛犬的屁股上，结果斗牛犬反咬住它的脑袋，福宝当场毙命。

几周后，为了安慰约瑟芬，有人送给她一只新的哈巴狗。但那不是拿破仑送的——他早就受够了哈巴狗。厨师为福宝的悲惨遭遇道歉，保证再也不让自己的狗在花园里撒欢了，但拿破仑劝他："别呀，放开它吧。说不定它能帮我摆脱另一只烦人精呢。"

科学小知识

奇兽园是圈养野生动物的地方。这个词最早出现在17世纪的法国，但圈养野生动物的历史要久远得多。早在古代，私人收藏野生动物就被视为身份的象征。在中世纪，贵族们也喜欢养些稀奇古怪的动物来炫耀身份。几个世纪以来，奇兽园只属于达官贵人，普通百姓根本无缘一见。

你可以把这些奇兽园看作现代动物园的前身，不过奇兽园可不对所有人开放。但这种情况随着富裕市民阶层的崛起而改变。从那时起，只要有钱买票，大家都能一睹野生动物的风采。

在巴黎附近的马尔梅松城堡，也就是拿破仑和约瑟芬的豪宅花园里，约瑟芬建了自己的奇兽园。这座奇兽园里面有袋鼠、猴子、美洲驼和羚羊。她最喜爱的是一只猩猩。她给它穿上衣服，教它用刀叉吃饭。在家里，这只猩猩可以到处溜达，并彬彬有礼地和客人握手。

鸮鹦鹉

——1820年，新西兰

砰砰砰。

"亲爱的，你在哪里？我为你、为我、为我们的蛋筑了一个巢。你要来看看吗？你来这里好吗？"

没有回应。树木在低语，雨声沙沙作响。我周围回荡着砰砰声。这个邻居，那个邻居，邻居的邻居们……它们都在呼唤自己的心上人，但我听不到我的心上人的声音。

没关系，它会来的，我有耐心。去年我也筑了一个巢，那时也是一片寂静——这需要运气。它一定就在附近。红松（陆均松）必须开花，而且它得有兴致；如果没兴致，它就不会来。这很合理。那我就再等一年。我不着急，我还有很多时间呢。妈妈说，我们家族中有个爷爷差不多活了一百岁。不是它的爷爷，是我爷爷的爷爷，还是爷爷的爷爷的爷爷，还是……停！停下，我的脑袋转不动了，爷爷太多了。

他们说我们中曾经有一只能飞。想象一下，一

只像长尾杜鹃那样飞翔的鸮鹦鹉。它为什么要飞呢？在地上的巢里我经常思考这个问题。是的，就在地上。如果可以在地上筑巢，为什么要飞到树上去呢？爬上树太麻烦了。我看猫头鹰和黄额鹦鹉有事没事都要往天上飞，攀着什么就要往上爬。光是看着我就觉得累。不，在地上正合我意。

嗯，那我再试一次。

砰。砰。砰。

"亲爱的，你听得到吗？我们的巢很温暖、

很舒适。快来看看吧，快来这里吧。"还是没有回应。耳边只有雨声，还有森林里的声音。森林里有时呼呼作响，有时如幽灵般寂静。树枝摩擦，树干会嘎吱作响。但今天不是。今天只有低语，细微的声响——鸟、瀑布。

咦，那是什么？是我的心上人吗？是它吗？我好像听到了什么。我时常想象它来时会是什么样子，也许它会很累吧。

鸮鹦鹉的叫声能传很远。妈妈说当爸爸呼唤它时，它走了20千米。那可真是不短的距离呀。我们的腿很短，只能一步一步慢慢走。长尾杜鹃嘲笑我们走路东倒西歪，它那暗褐色的羽毛也没好看到哪里去，还是别对我们说三道四的好。

我的心上人一定很美。

它很累，但很美。像我一样绿黄相间，不过更温柔、更精致、更可爱。现在我确定自己听到了动静。就在附近，就在地上。"亲爱的，是你吗？我在这里，在这里！"

砰。砰。砰。

嗯？那是什么？那个灌木丛后面藏着什么？那窥探的眼神，我的心上人应该不会那样看我吧？还有那摇摆的尾巴……摇摆的尾巴？"你根本不是我的心上人！走开，走开！你这怪物。这是我的巢，是为我的……啊！你为什么要这样？好疼！停下，住手！我说了住手。啊，啊，啊！不要——"

动物：生存的艺术家

8000万年前，超级大陆冈瓦纳的一部分断裂，形成了如今的新西兰。那片土地由两个大岛和几个小岛组成，在很长一段时间里主要是鸟类的栖息地。那里唯一的哺乳动物是蝙蝠——只有会飞的生物才能抵达那里。

这种孤立的地理位置使鸟类没有天敌。当它们降落在地上觅食时，不需要警惕四周的危险，因为根本就没有危险。天空作为逃生通道变得多余，而在大自然中，不再需要的能力终将消失。

随着时间的推移，许多鸟类失去了飞行能力。鸮鹦鹉就是其中之一，它是世界上最重的鹦鹉。这种夜行性鸟类的求偶叫声听起来像低沉的"砰砰砰"。曾经，新西兰的森林中栖息着数十万只鸮鹦鹉。

当一种动物没有天敌时，它的数量可能会迅速增加，但大自然对此自有安排。鸮鹦鹉的繁殖速度极其缓慢。雌性鸮鹦鹉每隔两到四年才会想要交配，而且只在红松结果的时候。红松果实是雏鸟的重要食物，每对鸮鹦鹉每次只能孵化一只雏鸟。

这种缓慢的繁殖方式运作良好，直到大约750年前，第二种哺乳动物抵达新西兰：人类。他们乘坐小船从波利尼西亚（法属）来到这里，永久定居下来。后来，欧洲人也陆续到来，带来了狗、猫、老鼠、雪貂和白鼬。突然间，毫无戒心的地栖鸟类不得不为了生存而奔逃。只有鸮鹦鹉没有这样做：它们根本没有意识到危险的存在。

对鸮鹦鹉来说，如果大自然能够用更多的求生本能来替换它的天真，那就再好不过了。但遗憾的是，自然界的进化总是缓慢的，而捕食者却在一夜之间出现在了新西兰。等到鸮鹦鹉能够学会自卫时，它们可能早已灭绝了。

鸮鹦鹉至今仍然存在，这要归功于新西兰政府的鸮鹦鹉保护计划。大约40年前，仅存的少数鸮鹦鹉被转移到了几个近海的小岛上。人们事先清除了这些岛屿上的所有捕食者。现在，鸟类保护专家严密监控着鸮鹦鹉的数量。目前，鸮鹦鹉的数量刚刚超过200只。

科学小知识

大约2.5亿年前，地球上只有一个超级大陆：泛大陆[1]。这个巨大的陆块最终分裂成两部分：北半球形成了劳亚古陆[2]，南半球则形成了冈瓦纳古陆。随着时间的推移，这两个大陆也分解成多个部分。

冈瓦纳大陆分裂出非洲、印度、马达加斯加、南美洲、南极洲、澳大利亚和新西兰。在这些地方，大自然自由演化。那些没有陆桥[3]相连的岛屿，如马达加斯加、澳大利亚和新西兰，孕育出了世界其他地方都不存在的独特动植物。

当人类开始探索海洋时，这些岛屿生态系统的脆弱便显现出来。富有冒险精神的航海者带来了疾病，捕食了动物，导致许多原生动植物濒临灭绝。

---

1. 泛大陆：也称联合古陆。一个设想曾存在于某一地质时代中的单一的超级大陆。
2. 劳亚古陆：范围包括今天几乎整个北美洲（除西部）和欧洲（除意大利等）以及亚洲的大部分地区（除印度和阿拉伯半岛等），在泛大陆分裂后形成。
3. 陆桥：指连接两个陆地区域的狭长陆地，允许动植物在这些区域之间迁移。

夸加斑马[1]

——1850年，南非

也有一些同类浑身都是条纹——前有条纹，后有条纹。但那并不符合我心中的美。少即多，不是吗？它们的数量也更多。斑马们形成起伏的黑白潮流，高原在它们的奔跑声中轰鸣。而我们的后半身是棕色的，我们的蹄声更加轻柔。

这是否让我们显得不那么特别？平庸之物比比皆是，稀少的才显珍奇。斑马们是如何看待这一点的，我并不知晓。同样的阳光照耀在我们的皮毛上，但夸加斑马和普通斑马并不一样。

它们在高处觅食，我们在低处吃草，就这么简单。我们之间井水不犯河水，相安无事。

只是最近确实出了点麻烦。不是因为斑马，而是因为平原上出现了一种新的生物。从外表上看，他们最像狒狒，但他们的行为却一点也不像狒狒。他们骑在马上。哈！他们敢骑在我们身上试试

---

1. 已灭绝的斑马亚种，前半身有条纹，后半身呈棕色。

看！保管让他们尝尝满嘴泥巴的滋味。那些马比我们高大，但这不是问题的关键。我们更熟悉平原，酷热对我们来说不值一提。他们的骑手叫我们蠢驴，有时还想用套索套住我们的脖子。呵，随他们去吧。套索对马可能管用，对我们可不行。不，真正让我们毛骨悚然的是他们的"雷霆棒"。

它们的声音比我们奔跑的蹄声还要响亮，比斑马的蹄声还要响亮。那声音在群山间回荡。砰！砰！"雷霆棒"每次响过之后，我们中总会有一个倒下。"砰"的一声倒下，再也站不起来。真让人绝望。

说起来，这种生物对我们来说也不是完全陌生的。他们以前就来过，只不过那时候他们是棕色的，而不是粉红色的。那时候他们还没有这么凶猛，偶尔才能杀死我们中的一个，我们也同样能杀死他们。我们的蹄子坚硬如石；我们一旦咬住什么，就绝不松口。如果有必要，我们甚至会攻击野狗和鬣狗，那我们为何不能对付这种奇怪的生物呢？只不过，他们有了那些"雷霆棒"，我们根本没有一丝胜算。

前不久，我远远地看着他们对我倒下的同伴做的事。你以为我会靠近吗？我可是夸加斑马，不是蠢驴——尽管他们把我们当成驴。我看到他们把我的那个同伴的皮像麻袋一样挂在木架上：只剩下外皮，里面已经空了。那景象令人毛骨悚然。皮毛在炙热的阳光下晾着，到处都是苍蝇，腐烂的臭味弥漫四周。他们要我们的皮做什么？难道他们也觉得我们比斑马更美吗？他们是因为我们的美丽才这么做的吗？如果真是这样，那蠢驴就是他们，不是我们。即使把我们一个接一个地射杀，我们的美丽也无法被捕获。我们的皮毛终将失去光泽，化为尘土。没有夸加斑马的皮毛什么也不是，不过是干枯的条纹和暗淡的棕色斑块罢了。

动物成为战利品

夸加斑马是草原斑马的一个亚种，曾生活在南非的卡鲁沙漠平原上。山地斑马则生活在高原地带。与其他斑马不同，夸加斑马只有前半身有条纹，后半身的毛色呈棕色。由于它们的尾巴像驴，因此也被称为"非洲斑驴"。

卡鲁地区的原住民用矛猎杀夸加斑马获取肉

食，但从未威胁到这个物种的生存。真正的危机是在17世纪欧洲殖民者踏上这片土地后才出现的。他们是狂热的猎人，尤其是荷兰布尔人[1]，而且他们配备了枪支。布尔人猎杀夸加斑马是为了给牲畜腾出空间，获取皮毛，有时纯粹是为了娱乐。由于他们把所有的斑马都笼统地称为"夸加"，没人注意到真正的夸加斑马数量在悄然减少。1873年，最后一只野生夸加斑马被猎杀时，竟无人察觉这一刻的意义。此后，欧洲动物园里仅存3匹母夸加斑马。而最后一匹夸加斑马于1883年8月12日在阿姆斯特丹的阿提斯动物园[2]去世。即便如此，当时也没有人意识到一个物种已经永远消失了。这个惊人的事实直到多年后才为人所发觉。

如今，那最后一匹母夸加斑马被保存在莱顿自然历史博物馆一个昏暗的储藏室里。它那曾经棕色的皮毛已经变得稀薄，褪色成暗淡的橙色，它的尾巴变得稀疏，鼻子上还出现了秃斑。皮毛对光线太过敏感，这匹夸加斑马无法再展出。

在夸加斑马灭绝100年后，一位科学家在德国一家博物馆里的标本上发现了一小块组织。夸加斑马成为第一个被发现DNA的已灭绝动物！各大报纸争相报道这一轰动性新闻。

科学家们开始畅想：也许可以通过克隆技术将夸加马重新培

---

1. 阿非利坎人的旧称，17世纪移居南非的荷兰裔白人定居者及其后裔。
2. 阿提斯动物园是荷兰最古老的动物园，位于阿姆斯特丹。

育出来，也许其他灭绝动物也可以，说不定猛犸象或霸王龙也能重现世间。

美国一位名叫迈克尔·克莱顿的作家被这个想法深深吸引。他据此写了本小说，后来被改编成电影《侏罗纪公园》。

就这样，夸加斑马成了有史以来最成功的恐龙电影的灵感源泉。

科学小知识

克隆是一种人工制造生物体完全相同复制品的技术。在夸加斑马的案例中，科学家们试图复制一种已经灭绝的生物。发现夸加斑马DNA的德国科学家赖因霍尔德·拉乌认为，夸加斑马的灭绝是人类的过错。他说："现在是人类弥补过错的时候了。"1987年，拉乌启动了"夸加斑马项目"。

夸加斑马并非独立物种，而是草原斑马的一个亚种。拉乌为他的繁育计划精心挑选了9匹臀部条纹较少的草原斑马。他推测，夸加斑马的基因一定潜藏在这些斑马的基因中。只要精心育种，终会诞生一匹酷似夸加斑马的幼驹。

如今，这个项目已经繁育了5代斑马。非洲草原上再次出现了臀部几乎没有条纹的动物——这些动物被称为"拉乌氏夸加斑马"——只是期待中的棕色皮毛还未出现。然而，许多科学家对这个项目持怀疑和批评态度。他们认为，亚种之间的差异不仅仅体现在外表上。阿姆斯特丹动物学博物馆的一位馆长形象地比喻道："一个人长得像拿破仑，并不意味着他就是拿破仑。"

如果你想在南非看到真正的夸加斑马，你得去开普敦的南非博物馆[1]。那里珍藏着一匹珍贵的夸加斑马幼驹标本。

---

1. 始建于1825年，是南非最古老的博物馆。

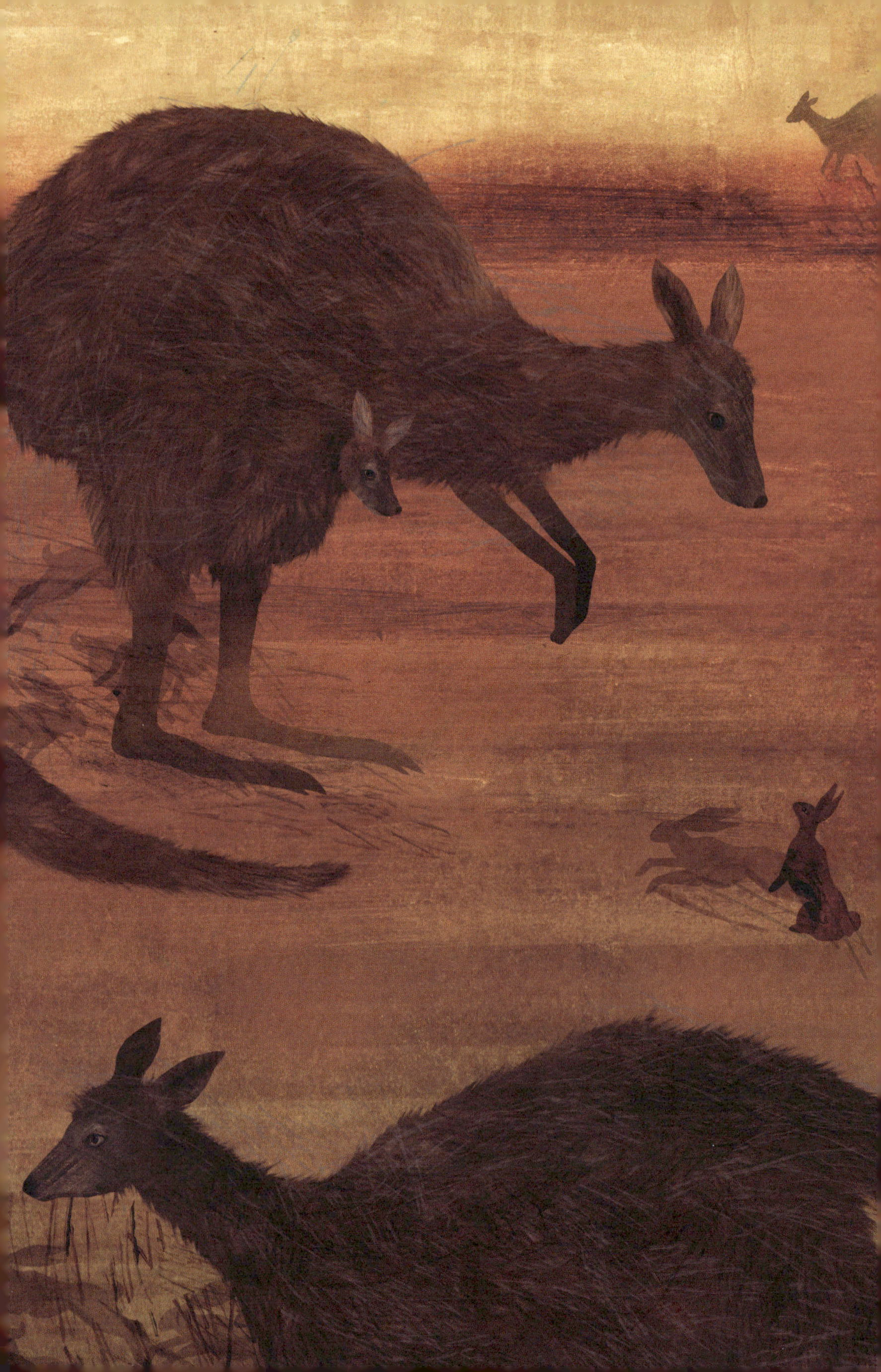

袋鼠与兔子

——1859年，澳大利亚

袋鼠

这是什么？

小家伙从哪儿冒出来的？不是从树上来的，肯定不是考拉。毛茸茸的，但太小了。灰褐色的，但没有那种滑稽的球状鼻子。还有，那对耳朵是怎么回事？为什么这么长，还竖得笔直？嗯，其实有点像我的耳朵，但对这么小的动物来说简直大得离谱。

嘿，它在做什么？啊……它在跳。哈哈，挺可爱的。不过，这哪能算跳呢。它甚至用上了前爪。真是个奇怪的小东西。要跳的话，只用后腿就够了。后腿加上保持平衡的尾巴。看，就是这样——嗖。现在我看得更清楚了。小家伙那尾巴可帮不上什么忙。那是什么毛茸茸的玩意儿？难道是野狗把剩下的部分咬掉了？真可怜，它现在完全失去了平衡。瞧那四条小短腿蹦蹦跳跳的样子。

蹦蹦跳跳，左摇右摆，毫无章法可言。连我的幼崽从育儿袋里刚出来都比它厉害。

天哪，这是怎么回事？它们竟然还有更多！灌木丛后面，还有那里，还有那里！也许它们迷路了，所以我以前从未见过它们。或者是我一直没注意到它们？不，不可能！以我的眼力和听力，绝对不会。我甚至能听到考拉在睡梦中叹气的声音。

这些新来者会留下来吗？就像绵羊一样？哎，我倒是不介意。它们那么小，那么笨拙。而且这里空间够大。就让这些小家伙蹦蹦跳跳吧，反正也不会给我添麻烦。

兔子

啊，它可真大呀！

跳，跳，还是离它远些好。它会不会很危险呢？嗯，看起来倒不像。它的眼神很温和，不像狐狸那样狡猾凶恶。它的耳朵和我的还有点像呢。不过，它的是巨无霸版的。这个动物浑身上下都大得惊人，它的脚掌，它的身体，还有……

嘿，它在干什么？它在跳！它用两条腿跳！它是怎么做到的？！我也想试试！啊，它的动作真灵活，它跳得那么远！刚才它还在那儿，现在就快到这儿了。它有那么长的尾巴真是奇怪，感觉不太实用啊，是不是？

跳，跳——啊，这草真好吃，到处都有。哪儿都是草，也许更远的地方还有呢。地面的感觉也不错，不硬不软，待会儿我要在这儿挖个舒服的小洞。它会不会也有个洞呢？那肯定得是个超级大的洞吧。

我的天哪，从它肚子里探出来的是什么？是只兔子吗？不对，是个迷你版的它！是个宝宝。伙伴们，快来看哪！这个动物好像在生孩子。啊！它的宝宝卡住了。女士，您得用力呀。使劲，女士，再用点力，宝宝就出来了。嗯，奇怪——这个宝宝的眼睛已经睁开了。它看起来也不像是被卡住了。实际上，它看起来好像还挺舒服的。

嘻嘻，这地方真是太奇怪了！到处都是草，还有肚子里探出半个宝宝的巨型动物。伙伴们，咱们快去看看远处还有什么吧！嘿嘿，我喜欢这里！

动物成灾

1788年，英国人在澳大利亚的土地上插上旗帜，宣称："这里现在是我们的了。"他们的船舱里不仅装有枪支，用来让原住民认识到他们宣言的严肃性，还装有绵羊和兔子。其中一种动物带来了繁荣：短时间内，澳大利亚成了世界最大的羊毛生产国。而另一种动物带来了灾难，但当时并未立即显现。最初的兔子被关在笼子里，只有在宰杀时才会被放出来。

1859年圣诞节（12月25日）早晨，情况发生了变化。一位名叫托马斯·奥斯汀的英国人在他的庄园里放生了24只兔子。奥斯汀是位富有的地主，热衷狩猎，他幻想着兔子繁衍后，自己就能在新地盘上尽情打兔子了。

奥斯汀确实如愿以偿了，但事情的发展却出乎他的意料。由于澳大利亚的地理环境非常适合兔子生存（草地丰美，土壤松软），且这里没有天敌（连狐狸都没有），兔子以惊人的速度繁衍起来。一只母兔每年可以怀孕4次，每胎可产下5只左右小兔子。仅仅50年，数十亿只兔子就遍布了这片大陆。

问题由此而生。兔子以令人恐慌的速度啃食这片土地，而这些土地本应用于养殖绵羊——殖民者的主要收入来源。托马斯·奥斯汀永远会为自己的决定后悔，但光是后悔于事无补，必须采取行动，而且刻不容缓。

澳大利亚人并非没有尝试过。他们从欧洲引进了狐狸，散播毒药，比以往任何时候都更狂热地进行捕猎。就连澳洲野狗这种本土的犬科猎手也因为菜单上多了这道"新菜"而出了一份力。

这些方法有用吗？

有一点用，但远远不够，所以答案是否定的。

在绝望中，澳大利亚人于1901年至1907年间建造了一道横跨整个大陆的围栏。这道围栏长达3256千米，堪称一项宏伟工程。虽然围栏建造得相当坚固，但为时已晚——兔子早已遍布各地。

1953年，政府决定采取最激进的措施：释放一种病毒来消灭黏液。黏液瘤病毒[1]对人类无害，但对兔子来说具有高度传染性和

---

1. 一种多在兔子身上出现症状的病毒，可导致眼睑、面部和耳朵发生肿胀，随后肿瘤几乎遍及全身，对兔子来说是一种高度触染性和致死性病毒。

致命性。这个计划似乎奏效了，疫情如野火般在田野间蔓延。两年内，6亿只兔子死了5亿只，这是一个难以想象的天文数字。然而，存活下来的兔子对病毒产生了抗药性。如今澳大利亚仍有超过2亿只兔子，它们仍是政府的一大心腹之患。尽管引入了新的病毒，但兔子对这些病毒也产生了免疫。现在，澳大利亚人不仅担心绵羊养殖场的消失，还忧心本土动物的生存，因为这些来自欧洲的毛茸茸的不速之客正在啃食它们的食物。

附：值得一提的是，袋鼠受到殖民者带来的另一种动物——绵羊的影响更大。而在养羊人眼中，吃草的袋鼠也成了一种有害动物，因为它们和兔子一样，吃掉了原本属于绵羊的牧草。因此，每年约有300万只袋鼠被捕杀。

科学小知识

黏液瘤病是由黏液瘤病毒引起的，这种病毒主要通过蚊子传播。患病的兔子会出现以下症状：鼻子和眼睛发炎，呼吸声明显可闻。这些可怜的小动物还会撞到树木和灌木丛，因为它们的方向感受到了严重影响。值得注意的是，当黏液瘤病被引入澳大利亚时，这是人类历史上首次如此大规模地使用病毒来试图消灭特定地区的某个动物物种。

鸽子

——1916年，比利时

这是个无风的清晨，我正在鸽舍里咕咕叫，突然舍门开了。士兵的两只手向我伸来。我并不害怕，那是双温柔的手。两只手轻轻抓住我，把我带出去。一个小筒被系在我脚上。我一动不动。我越是安静，就能越快展翅高飞。

那双手再次把我举起。先是向下，然后猛地一挥，我获得了自由。我在士兵头顶盘旋三圈，只为舒展僵硬的翅膀。我的鼻子早已嗅出：家在那个方向。

我就像掠过焦土的子弹一样冲向高空。下方的鸽舍渐渐变小。我的翅膀有节奏地拍打，应和着脑海中的话：回家，回家，回家。

日子有好有坏。有时子弹擦得那么近，我甚至能听到它们的嘶嘶声。有一天，我差点丢了性命。若我飞得再快一点点，就会被子弹穿透。幸运的是，子弹只擦过了我的胸部。一位军医给我包扎了伤口，两周后我又被派出去执行任务。也许那个糟糕的日子实际上是个好日子。

今天会是个好日子吗？我俯瞰下方，只见一片荒芜。曾经的绿意已化为褐色，昔日的沃土如今满目疮痍。曾经挺立的建筑，现在只剩断壁残垣。士兵们在废墟中匍匐。他们藏身在战壕中，用铁丝网筑起防线。他们的眼神如这片土地一般空洞，仿佛内心深处也有什么东西碎裂了。他们头戴钢盔，与周围的泥泞同样灰暗。这个世界失去了色彩。军装、武器、配给，甚至老鼠都显得黯淡无光。当然，那些老鼠才不在乎。它们就像泥巴一样，啃噬一切——如果有机会，它们连我也不会放过。但它们没这个机会。士兵们保护我，仿佛我是他们中的一员。当他们戴上防毒面具时，我会被迅速塞进一个小盒子里。我对他们心存感激。让我心生恐惧的不是子弹，而是战壕中弥漫的毒气。

在这片高空中,我是安全的——远离子弹,远离毒气。但若是出现一只苍鹰或鹞鹰,我还是得提高警惕。它们俯冲下来,就像轰炸机掠过大地。它们锋利的爪子轻轻一击,我就再也无法完成使命。

但我还活着——现在,今天,也许还有明天。我的翅膀依然强健。我的鼻子告诉我,家就快到了。家里的鸽舍有清水等着我。当我落地时,铃声会响起,某个士兵会来取下我脚上的信筒,接下来会是欢欣还是恐慌——我永远无法预知。

我试图飞得更快。再拍动几下翅膀,我就能看到我的鸽舍了。没有子弹,没有毒气,也看不到任何猛禽,现在我确信了:今天是个好日子。

动物信使

在历史长河中，没有任何动物比信鸽完成过更多的救援任务。早在古代，人们就发现这种小鸟的羽翼下藏着一个神奇的导航系统。无论被带到多远的地方，它总能凭借精准的方向感，笔直地飞回家，而且速度惊人——可达每小时100千米。信鸽堪称完美的信使，比徒步或骑马的使者快得多。它在和平时期就很有用，在战争年代更是如此，因为一条消息可能就是生与死的分界线。

第一次世界大战期间，大量信鸽被征用为通信员。虽然人们会用野战电话和无线电报来传递战场消息，但在炮火纷飞的环境下，这些技术设备常常出故障。此时，信鸽就显得格外可靠：它们鼻子里那看不见的GPS从不失灵。

军人们把信鸽带进坦克、飞机、战壕、军舰，甚至潜水艇。士兵将装有珍贵信息的小筒绑在鸽子脚上，然后将它们放飞，这些小勇士就开始了危险的归途。途中，敌人的枪口虎视眈眈。用来清剿战壕中的敌军的毒气夺去了无数信鸽的生命。即便飞上高空，它们还要面对德军特训的猎鹰和其他鹰隼的袭击。然而，尽管危机四伏，这些会飞的邮差仍比一部没有信号的电话强得多。

1914年至1918年间，约有10万只信鸽担任起"信使"的角色。德军深知他们的敌人在使用信鸽，因此缉拿了发现的所有信鸽。任何私自饲养信鸽的人都可能面临死刑。

如今，一座纪念碑矗立在比利时首都布鲁塞尔，上面刻着"献给战鸽",纪念所有在一场被迫卷入的战争中服役和牺牲的勇敢飞行员。

科学小知识

第一次世界大战的大部分时间是在战壕中进行的。战壕是士兵们为躲避子弹和炮弹而挖掘的沟渠，犹如地下的迷宫。在西线战场，这些战壕纵横交错，遍布比利时和法国的土地。

许多人以为那场战争几个月就会结束，但事实并非如此。它演变成一场旷日持久的消耗战，双方军队深陷壕沟，保持胶着状态长达数年。战线时而向这边移动几百米，时而又向那边推进。每前进一千米，就有数十万士兵丧生。

为了实现战壕之间的近距离通信，军方派上了忠诚的军犬。而信鸽则担负起更远的通信任务。这些信使被安置在移动鸽舍中，随着前线一起辗转。1915年，德军首次使用氯气[1]，许多士兵窒息身亡。盟军不仅为士兵们紧急配备了防毒面具，还为信鸽准备了特制的防毒箱，以便在遭受毒气攻击时保护这些重要的飞行员。

---

1. 氯气是第一次世界大战中最早使用的化学武器之一，它会刺激眼睛和呼吸道，造成严重伤害。

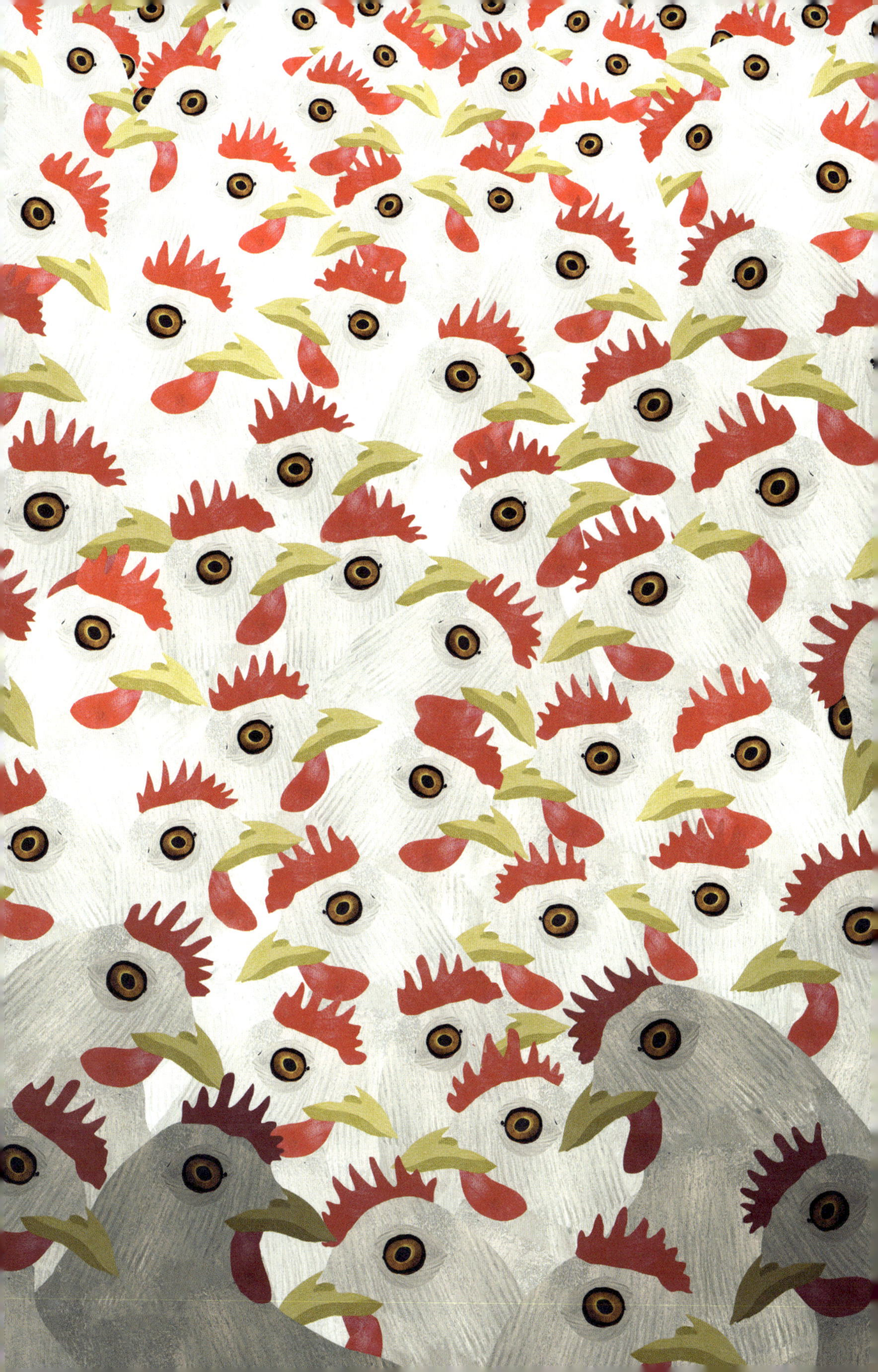

鸡

——1923年，北美洲

我们被一起运走了，真的是所有鸡都在一起。我从未见过如此多的同类聚在一起。作为一只鸡，我们天性喜欢群居。把我们单独关在鸡舍里，我们会紧张得不得了。一只孤单的鸡什么都做不了。我们喜欢周围都是朋友，偶尔还有英俊的公鸡相伴。这样我们才能安心，才能继续下出漂亮的蛋。

卡车来的那天，我的鸡脑袋彻底混乱了。我们实在太多了，多到我数不过来。其实那时我还是只小鸡，刚长出绒毛。其他鸡也都一样大。我们谁也不明白发生了什么。人类肯定知道他们在做什么，但我们只感到恐慌。

鸡喜欢规律的生活，喜欢定时进食，喜欢黄昏时分栖息在木棍上。这种规律突然之间就被打破了。我们被赶进又黑又吓人的卡车。在那之前，我的世界只有出生的鸡舍，长大的院子，还

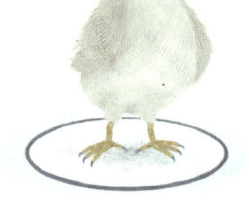

有菜园里嫩嫩的生菜——农妇总是"咻咻"地赶我们出去。那就是我的整个世界，虽然不大，但对一只小鸡来说已经足够了。卡车来的那天，我的世界永远改变了。

我不知道这趟车程持续了多久。没有阳光，鸡就失去了对时间的感知。终于，我们到达了目的地。一位叫西莉亚·斯蒂尔的农妇在那里等我们。我之所以知道她的名字，是因为我听见卡车司机说："请问是西莉亚·斯蒂尔女士吗？请在这里签收。"那位农妇惊叫一声："什么？！"她大喊，"500只小鸡？我只订了50只呀！"我猜，此时卡车外面的人比我们里面的鸡还要慌乱。看来，人类也并非总是心中有数嘛。不过，他们似乎很快达成了某种协议，因为我们随后就被卸了下来。所有小鸡，一只不落。

从那一刻起，我的生活翻开了新的一页。我再也没进过西莉亚·斯蒂尔的院子，再也没感受过阳光照在羽毛上的温暖，再也不能自由觅食了。起初，我们被安置在外面有黑白条纹的盒子里。黑白条纹？为什么？我也觉得莫名其妙。后来，我们搬进了谷仓。谷仓里很挤，但伙食不错——我们像施了肥的嫩生菜，噌噌噌长得飞快。现在的我应该比我妈妈还要壮实，虽然我不太确定。在这里，我对妈妈的记忆已经变得模糊了。

自从住进谷仓，恐慌渐渐消退。雏鸡时代一去不复返。现在我们都是成年鸡了，也找到了新的生活节奏。偶尔，我会想起从前的日子：阳光、院子、菜园。我的生活确实变得单调了。然而，最近我总觉得羽毛下有一种不安在躁动。说不上来为什么，但我感觉似乎有什么大事即将发生。

动物沦为大众商品

一个世纪前，美国人养鸡主要是为了鸡蛋。他们偶尔会宰杀一只停止下蛋的母鸡，但鸡肉在餐桌上并不常见。

这一切因西莉亚·斯蒂尔的一个意外经历而彻底改变。西莉亚是美国东海岸的一位家庭主妇，有一天她误收了500只小鸡，而不是原本订购的50只。西莉亚没有退回这些小鸡。据说，一开始她把鸡安置在一个旧钢琴箱里，直到建好一个更大的鸡舍。西莉亚决定饲养这些小鸡来获取鸡肉。她用添加了维生素的谷物喂养小鸡，小鸡生长异常迅速。这些鸡长大后，她将它们卖给了附近的餐馆。这个尝试大获成功。于是西莉亚决定再次购买小鸡，这一次她订了1000只。3年后，这个数字飙升到了1万只。

1923年，西莉亚·斯蒂尔因一次送货错误而无意中为工业化畜牧业奠定了基础。她展示了如何快速、廉价地大量生产鸡肉。这激发了美国人对鸡肉的需求，这种需求在接下来的一个世纪里只增不减。短短80年间，美国人的鸡肉消费量增加了150倍。不仅美国人爱吃鸡肉，现在全球饲养着的鸡多达270亿只。鸡成了我们星球上数量最多的鸟类。

科学小知识

　　工业化畜牧业的目标是以最高效的方式生产尽可能多的动物供人食用。这意味着要通过精心设计饮食，让动物以最快速度达到屠宰重量。西莉亚·斯蒂尔当年需要18周才能让小鸡长到约1千克，而如今的肉鸡在7周内就能长到2千克以上。这种鸡被我们称作"速成鸡"：它们生长得如此之快，以至于骨骼和肌肉难以支撑自身重量，几乎无法站立。

　　工业化畜牧业又称集约化养殖。饲养的除了鸡，还包括牛、猪、火鸡、绵羊和山羊。这些动物生活在巨型畜舍中，每只动物的生存空间都极其有限。大多数动物终其一生都没有机会接触外界。

　　工业化畜牧业是一个充满争议的话题。支持者认为，得益于工业化畜牧业，肉类变得更加便宜，人人都能负担得起。然而反对者则表示，工业化畜牧业的主要目的并非养活人类，而是为了让这个行业的所有者致富。他们强调我们并不需要那么多肉类供应。

　　反对者还指出了工业化畜牧业带来的诸多负面影响。首先，为了种植动物饲料而开辟大片农田，导致森林遭到大规模砍伐。其次，家畜通过反刍、排气和排粪便产生的温室气体量惊人，甚至超过了所有交通工具（包括汽车、火车、轮船和飞机）的总和，严重加剧了环境污染和气候变化。此外，工业化畜牧业的工人常常面临危险和不健康的工作环境，工作条件十分恶劣。最后，动物们被迫在极度拥挤和非自然的环境中生活，这种规模的动物虐待在人类历史上是前所未有的。

猫咪一号穆尔齐

——1942年，荷兰

事情是这样发生的吗？

他们穿着厚重的衣服离开了。那是夏天，虽说不算炎热，整天下着温暖的雨，但那些衣服还是太厚了。她穿衣服时，我就在她的房间里。两件背心，三条裤子，一条连衣裙，外面还套了一条裙子——我想用脑袋蹭蹭她，但她把我推开，说她必须抓紧时间。最近，家里的东西一直在消失——衣服、食物、家具。现在连他们自己也要消失了。她最后一次把我抱起来，仿佛再也不想放开。然后他们走上街道，头也不回。

我以为他们会回来的。他们经常外出，但总会回来。我怎么知道这次会不一样呢？

我躺在她的床上睡着了。直到楼上的那个男人走进房间，我才惊醒。他把我放进篮子里，走向厨房，拿了一块肉，带我出了门，按响了几栋房子之外的一扇门的门铃。一个女孩开了门。我认得她，她以前来过我们家。

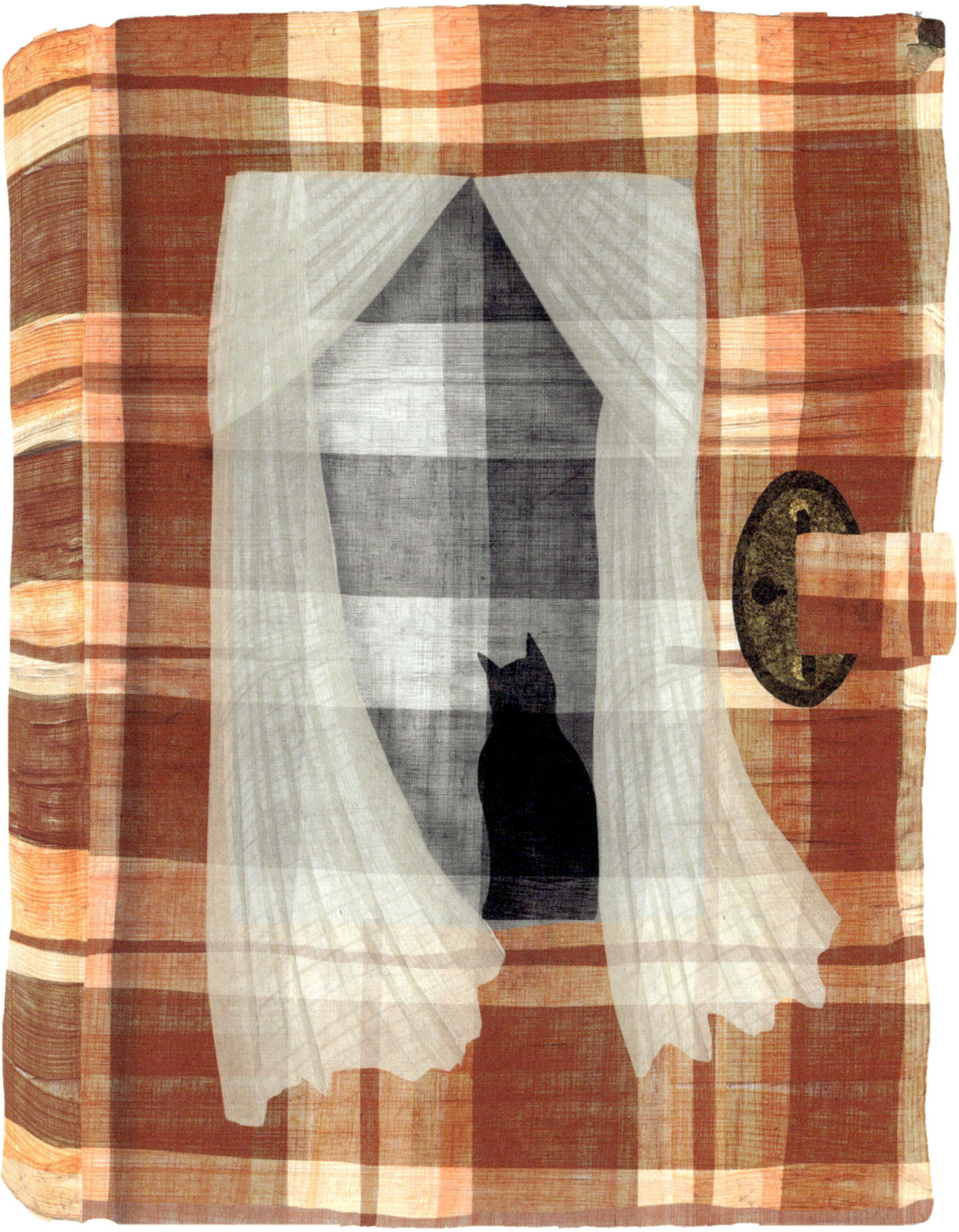

"他们走了吗？"

"走了，"楼上的男人回答，"都走了。"他递过篮子。"托斯，这是穆尔齐。请好好照顾它。"

或者是这样发生的？

那是个温暖的夏日，我正在她的床上打盹，她走进房间把我抱了起来。我在她怀里咕噜咕噜地叫。家里五个人中，我最喜欢她。她是最小的，也是最活泼的，很明显她非常爱我。每次她放学回家，我都会在厨房门口等着。我会绕着她转圈，用脑袋蹭她的腿。这是在说：快给我吃的。她懂我，总会给我的食盆倒满牛奶。

那个夏天的一天，她带我出了门，按响了隔了几栋房子的一扇门的门铃。一个女孩开了门。我认识她，她以前来过我们家。我记得她叫托斯。

"穆尔齐以后就住在你这里了。"

小主人把我塞进托斯的怀里。托斯点点头，好像一直在等我似的。后来她又回来，带来了我的食盆和猫砂盆，然后她就不见了。

唉，到底是怎么发生的又有什么关系呢。

人们谈论了很多，但过了一段时间，没人记得确切发生了什么。这也不重要。重要的是，一场战争席卷而来，使我们还没来得及变老就去世了。对我来说，这都是跳蚤害的。在托斯家，他们叫我"跳蚤马戏团"。那些讨厌的小东西把我折磨得够呛。我的情况越来越糟。有一天，托斯在学校上课，收容所的人把我带走了。之后发生的事我到现在还搞不太明白，反正从那时起我就在这里了。

这个地方有点怪，不过没有跳蚤，食物也很充足。而且这里非常热闹，有很多猫，还有更多的人。

过了一段时间，她也来了。认出我时……她的眼睛亮得像两个太阳。她抱起我，仿佛再也不想放开。最棒的是：现在她真的再也不用放开我了。

动物成为战争受害者

穆尔齐是安妮·弗兰克的黑猫。1942年7月6日，安妮和家人离开了位于阿姆斯特丹梅尔韦德广场的家，躲进了父亲位于王子运河的办公室的密室。安妮一家是犹太人。第二次世界大战正处于白热化阶段，阿道夫·希特勒将犹太人送进集中营，用毒气杀害他们。安妮躲藏起来逃避希特勒发动的大屠杀时，不得不留下她心爱的猫。后来，又有4个犹太人加入了弗兰克一家，其中包括彼得，一个和安妮同龄的男孩，他被允许带上自己的猫——穆希。办公室里还有一只叫莫菲的猫，负责捉老鼠。

穆尔齐被送到了安妮的朋友托斯·屈珀斯家，她住在安妮家附近的街道上。关于具体经过，有两种说法。托斯称：安妮是在躲藏前不久亲自把猫送来的。而在后来成为世界名著的日记中，安妮的描述略有不同。她写道，她离开时在厨房台面上留下了一磅[1]肉和

---

1. 英美制质量或重量单位，1磅=0.4536千克。

一张纸条，是给住在顶楼的房客戈尔德施密特先生的。纸条请求他把穆尔齐带到邻居托斯家。

二战期间，猫的处境十分艰难。食物短缺，许多人因买不起饲料而不得不杀死自己的宠物。动物保护协会为防止动物遭受不必要的痛苦，在杂志上刊登了一个毒气箱的图解，人们可用它来快速无痛地结束猫的生命。讽刺的是，这种用毒气杀生的方法，与希特勒后来在集中营里使用的如出一辙。

"猫贩子"也会抓猫卖给屠宰场。有人说，猫肉吃起来像兔肉。法尔肯堡的一家餐馆给顾客上了猫肉，却谎称是炖野兔肉。此外，猫皮还成了抢手货。1944年5月3日，安妮在日记中写道："我告诉过你我们的莫菲不见了吗？上周四起它就失踪了，可能早已进了猫天堂，某个所谓动物爱好者正在享用它的大腿肉。说不定哪个姑娘还会得到一顶用它的皮毛做的帽子。"

那么穆尔齐呢？它身上长满了跳蚤，病得很重。安妮把猫留给托斯两年后，托斯的母亲让收容所把穆尔齐接走了，它在那里被执行了安乐死。

科学小知识

第二次世界大战期间，荷兰有数万犹太人躲藏起来，试图逃避大屠杀——这场针对犹太人的迫害和灭绝行动。由于收留者通常无法藏匿一个完整的家庭，许多犹太家庭被迫分散。安妮·弗兰克、她的姐姐玛戈和她们的父母待在一起，这种情况是很罕见的。安妮在日记中写道："唯一需要告别的是穆尔齐，我的小猫咪。"这对她来说是个沉重的打击。"有时他们会提起穆尔齐，我完全无法承受，这触动了我最柔软、最脆弱的地方。我时时刻刻都在思念穆尔齐，没人知道我有多想它。每次想到它，我的眼里就会充满泪水。穆尔齐是那么可爱，我那么爱它。我总是做梦，梦到它回到我身边，它是那么可爱，我把所有心事都告诉它。"

在荷兰躲藏的2.8万名犹太人中，有1.2万人不幸被捕，弗兰克一家也未能幸免。1944年8月4日，他们和其他藏在密室里的人遭到逮捕。最终，只有安妮的父亲奥托·弗兰克在战争中幸存下来。1945年，停战前的几个月，安妮在贝尔根-贝尔森[1]集中营去世，年仅15岁。她不是死于毒气，而是死于疾病和疲惫。她成了600万大屠杀受害者中的一员。

---

1. 位于德国的纳粹集中营，安妮·弗兰克在此去世。

黑猩猩65号哈姆
——1961年，北美洲

我会拉动操纵杆。蓝灯亮起时我就拉，然后我就能得到一根香蕉；如果我不拉或拉得太晚，我的脚就会被电得生疼。所以我总是以最快的速度拉那个操纵杆。

我是65号。有个博士教了我们一些东西——奇怪的东西，人类的东西。我觉得那很有意思，我很努力地学习。起初我有很多同伴，后来它们变少了，再后来就剩下几个。现在就只有我一个。他们说因为我是最聪明的。他们抚摸我的头顶。"水星计划的英雄，太空的英雄。"我不知道"水星计划"是什么，不知道太空是什么，只知道拉动操纵杆就能得到香蕉。

他们把我塞进一个小笼子里。虽然我个子小，但待在里面还是很挤。笼子里有扇小窗户。他们隔着窗户向我挥手，竖起大拇指。我盯着那些把我塞进来的手，嘴唇紧绷，牙齿咬得直响。这一点也不好玩。

他们挥手呼喊，说我是只快乐的猩猩。我被从笼子里放出来，得到了一根香蕉。

　　我们要出发了。这感觉就像他们把我从丛林里带走时一样。我们是要回丛林吗？我在座位上兴奋地直跳。我们走到外面，但这里没有森林。地面是石头做的，一个高高的东西立在那里。它没有树枝，不是树。他们带我过去，给我穿上衣服。衣服很紧，布料摩擦我的四肢。他们说今天是重要的日子。他们在我的皮毛上贴上带着细线的东西。他们人很多，很忙的样子。我必须再次进入那个小笼子。我不知道自己要不要再进去，但我的脚已经被绑住了。我挥动双手——他们没把我的手绑住。"记住操纵杆，"他们告诉我，"记住操纵杆，65号，祝你旅途愉快。"

　　有人轻抚我的脑袋，小笼子的门被关上了。他们把笼子推进那个高高的东西里。我看不见他们，但还能听到他们的声音。他们在倒数。我知道什么是倒数，博士教过我。

　　10、9、8、7、6、5、4、3、2、1……

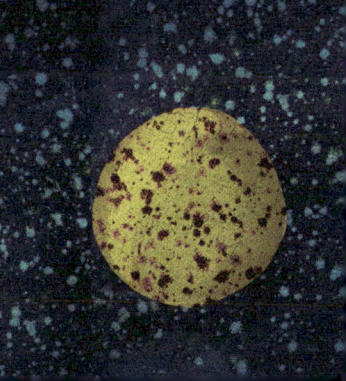

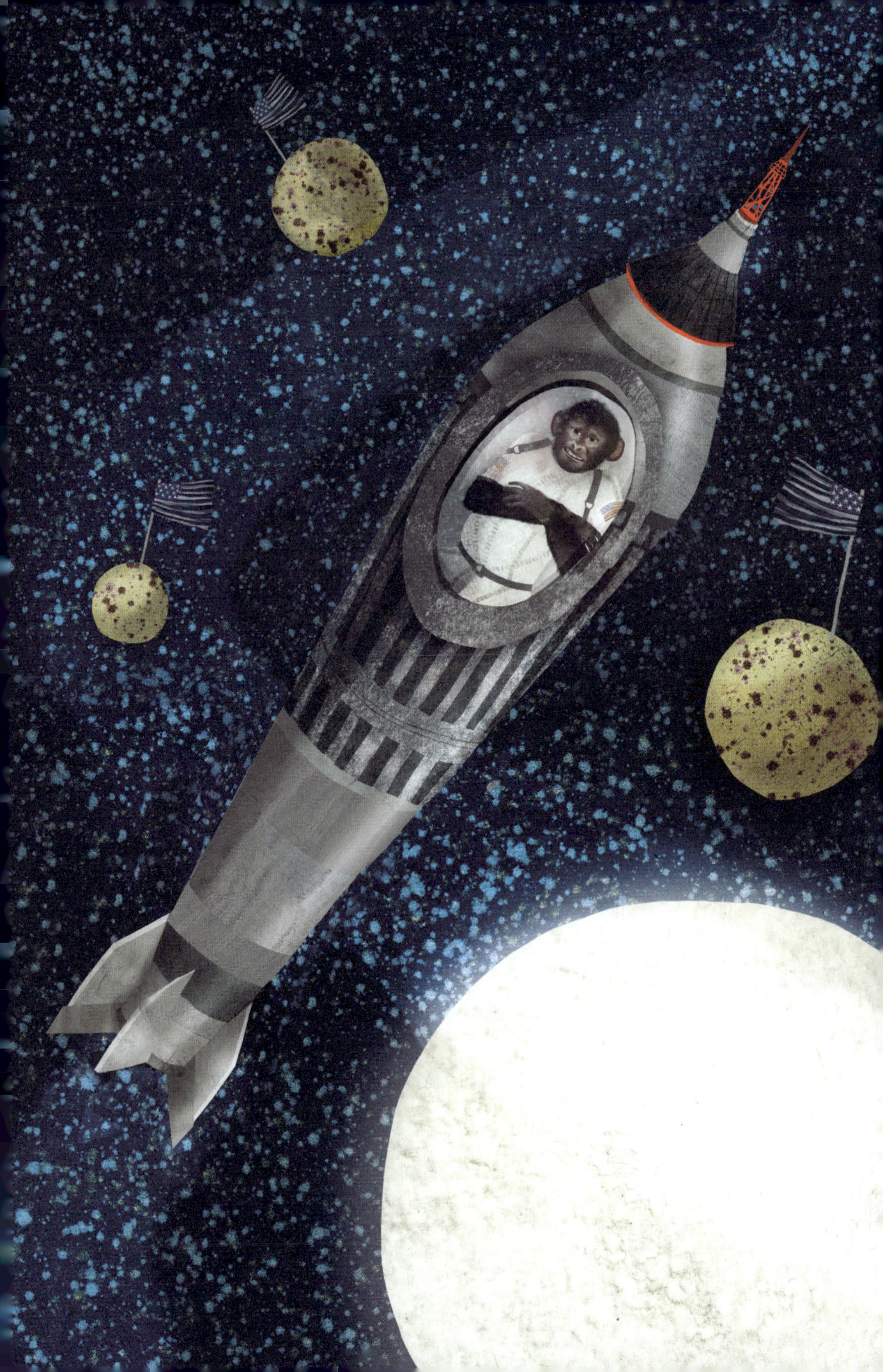

突然，一阵震耳欲聋的噪声响起。那声音大得让我的脑袋嗡嗡响。我肯定尖叫起来了，但我听不到自己的声音。发生的事情让我感到害怕。我的身体在颤抖。我的耳朵也在嗡嗡响。我透过小窗往外看，什么也认不出来。我在哪里？好像有人压着我的身体，但我周围没有人。我咬紧牙关：让我出去！

然后我看到了那盏灯：是蓝色的。我找到操纵杆，拉动它。但不管我拉了多少次，我都没有得到香蕉。

动物作为测试飞行员

65号是美国国家航空航天局（NASA）水星计划中的40只黑猩猩之一。在此之前，美国科学家已经用小鼠和恒河猴进行了太空实验。后来，他们考虑把一只黑猩猩送入火箭，因为这种动物与人类最相似。

在新墨西哥州，这些黑猩猩被训练按指令拉动操纵杆。做对了，它们就能得到香蕉奖励；做错了，它们就会遭受脚底电击惩罚。美国国家航空航天局的科学家们认为，如果一只猩猩能在太空中拉动操纵杆，那么人类也能在太空旅行中执行任务。而将人类送入太空，正是美国人最渴望实现的目标。如果可能的话，他们希望能在苏联人之前做到这一点——苏联是他们在太空竞赛中的头号对手。

在所有黑猩猩中，65号表现最出色。据训练员说，它是只性格开朗的猩猩，还是婴儿时就在喀麦隆的热带雨林中被捕获。给它一个编号而不是名字并非偶然。如果太空实验失败，报纸上出现一只只有编号的死猩猩，会比出现一只有名字的死猩猩引起的公众舆论少很多。

1961年1月31日，终于到了这一天。65号被穿上尿布和宇航服，身上被贴满了用于监测生命体征的传感器。随后，它从卡纳维拉尔角发射场被送入太空。这次旅程持续了16分钟，途中出现了许多问题。比如，火箭飞行速度过快且高度过高，导致舱内压力激增，搭载65号的太空舱偏离预定轨道超过100千米，最终落入大海。但65号成功活了下来，只是鼻子稍有擦伤。从那以后，它被赋予了"哈姆"这个名字。作为"宇航猩猩"，他成了第一个进入太空的类人生物，这是科学界的一项巨大成就。美国人终于实现了目标：他们比苏联人先行一步。然而，关键的胜利还是属于苏联。1961年4月12日，苏联宇航员尤里·加加林成为第一个进入太空的人类。

哈姆在3岁时就穿越了宇宙。之后不久，它就被送去"退休"

了。此后的余生，它都在美国的动物园里度过，且大部分时间是独处的。它在25岁时去世。它的骨骼现存于华盛顿的国家健康与医学博物馆，遗体的其余部分则被安葬在新墨西哥州。它的墓碑上刻着："哈姆证明了人类可以在太空中生存和工作。"

科学小知识

科学技术总是在不断发展进步。正是由于人类的好奇心，我们才能生活在一个拥有手机、新冠疫苗和登月火箭的世界里。但这些进步并非仅仅依靠人类完成。我们经常利用动物来帮助我们。例如，在人类自己登上火箭之前，我们先后将果蝇、鱼、乌龟、蜘蛛、青蛙、狗和猴子送入太空。尽管我们充满好奇心，但如果太空旅行出现意外，有些人宁愿让动物承担风险，而不是我们人类自己。

20世纪60年代，珍妮·古道尔女士就已经是著名的黑猩猩研究专家了。她没有利用黑猩猩做实验，而是直接研究黑猩猩本身。她非常擅长解读黑猩猩的面部表情。她指出，当黑猩猩露出牙齿时，它并不是像人类那样在微笑，而是在表示恐惧。当她看到哈姆在火箭中的影像时，她震惊了：她从未见过如此惊恐的黑猩猩。

美国国家航空航天局的科学家们将哈姆塑造成一个英雄，称它为美国探索太空的梦想的推动者。但珍妮·古道尔却说，哈姆只是被当作一个物品对待，而不是被当作一个有智慧的生命体。

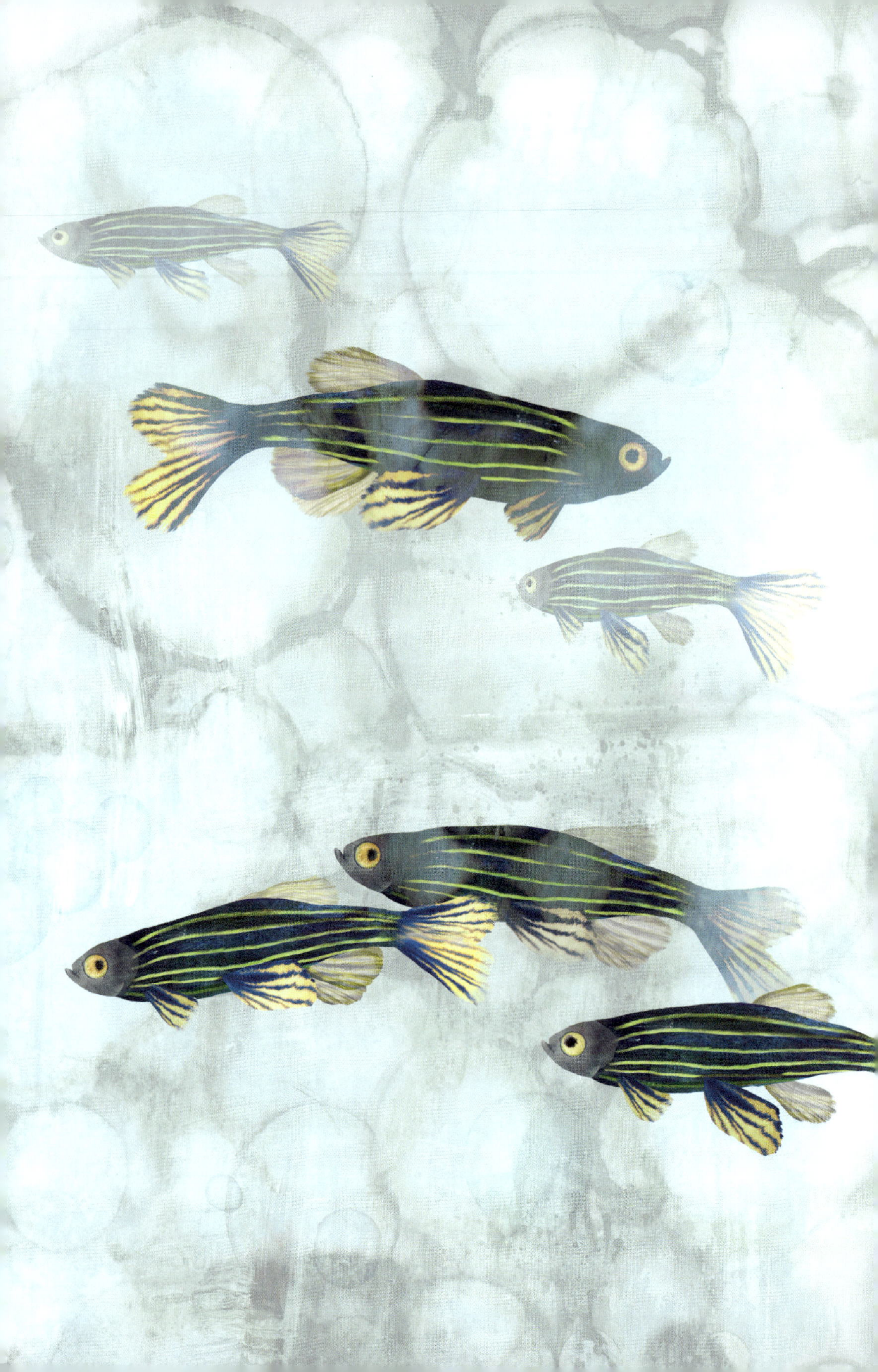

斑马鱼

——1980年，德国

有时候，一切似乎简单得不可思议——光明与黑暗的交替，永不停歇的流水，还有那些恰好在我们饥肠辘辘时从上方倾泻而下的卤虫和草履虫。仿佛有个至高无上的存在，一直在操纵我们的生活。

但我们是斑马鱼。我们不信神。

每周我们都会产卵，这是我们的天性。雌鱼产下卵子，雄鱼则游过卵子上方，喷射出精子云。数以百计的新卵，周而复始，我们就这样维系着族群。

奇怪的是，我们刚产下的卵子立刻就消失了，并非大鱼游过来把它们吃掉了，这里没有大鱼。那像某种来自上方的力量，仿佛有人精确地知道我们什么时候产卵，然后把它们拿走了。听起来有些偏执对吗？我时常觉得我们被监视着。你知道的，就像那句话说的："老大哥在看着你。[1]"

---

1. 引自乔治·奥威尔的小说《一九八四》，暗指无所不在的监视。

我们的孩子会在哪里出生呢？它们真的会出生吗？

这是个谜，就像这里的许多事情一样。比如今天早上，突然间，水里有种奇怪的味道。什么味道？反正不是卤虫的味道，也不是草履虫的味道。不是什么美味，倒像是什么怪东西。我不想吞下它，但作为一条鱼，我们没有太多选择，我们必须呼吸。所以我的嘴巴不由自主地张开，让水流进来，让鳃过滤氧气。

就在那时，我尝到了。

不是第一次了。这种事经常发生。水突然变了，颜色变了，味道变了，甚至质地都变了，好像我们在游过黏稠的糖浆。你能想象吗？仿佛有什么东西被加进水里，你看不见，只能感觉到外部世界的一点微小变化。

更奇怪的是：我们的内部世界也随之改变了。

我们会感到头晕恶心，要么摇摇晃晃地游来游去，要么无精打采地漂浮在水中。这两者之间有联系吗？是外部世界的改变导致了我们内部世界的变化吗？

我在想这次会发生什么。我们会全身疼痛吗？会感到虚弱无力吗？也许什么都不会发生。当你世界里的一切都不受你控制时，你

很容易胡思乱想。你开始认为你的生活被操纵了，觉得是有人在幕后操纵，而你只是某个可怕实验的一部分。

但我们是斑马鱼。

我们不相信实验。

尽管如此，我越来越有种感觉，有人在监视着我，监视着我们所有鱼。

动物作为实验材料

能够对抗感染的抗生素、癌症治疗方法的出现，以及你奶奶可以在髋关节磨损时获得新的关节，这些都是医学科学的重大发现。在研究过程中，科学家们经常使用实验动物来观察药物是否有效，或者如何以最佳方式进行手术。大鼠、小鼠、猴子、猪、山羊、兔子、果蝇或鱼类——每项研究都会选择最适合的动物。

斑马鱼体长不过4厘米左右，原本生活在巴基斯坦、印度北部、尼泊尔和孟加拉国的淡水池塘中。20世纪60年代，它进入了科学家的视野。令研究人员惊喜的是，这种小鱼与人类重叠的DNA竟然高达70%，仅比当时流行的实验动物——老鼠少10%。

还有更多令人兴奋的发现：

1. 维护一个斑马鱼水族箱比照料一笼老鼠更经济实惠。

2.药物可以轻松地通过水投放，省时省力。

3.斑马鱼繁殖能力惊人，每周可以产下200个卵，幼鱼仅需3天就能发育完全。相比之下，一只母鼠需要整整3周才能生下15只小老鼠。

4.斑马鱼宝宝在体外发育，比藏在母体腹中的小鼠更易观察。更妙的是，斑马鱼的卵是透明的。科学家可以清晰地观察到鱼卵内部的一切：跳动的小心脏，在微小血管中流动的血液，甚至是肠道中的粪便。

20世纪60年代，很多人认为鱼类不会感到疼痛。因此，选择斑马鱼作为实验动物似乎比选择小鼠或大鼠更"人道"。这种小巧玲珑、经济实惠的小鱼在肌肉、肾脏、血液和眼睛等方面与人类惊人地相似！科学家们欣喜若狂：斑马鱼俨然成了他们的新宠。

如今，斑马鱼被广泛应用于全球各地的实验室。它们在实验室中出生，也在那里死亡。它们从未见过东南亚的淡水池塘。在整齐排列的玻璃缸里，它们带着人为诱发的睡眠障碍、肌肉疾病或癌症，日复一日地游来游去。研究人员希望通过

这些实验来发现新的治疗方法。他们的目标不是治愈这些小鱼，而是治疗患有相同疾病的人类。

近期，科学家们又有了惊人发现：如果切除斑马鱼心脏的一小部分，它竟然还能自行再生！斑马鱼仿佛能够"修复"自己破碎的心脏。它是怎么做到的？如果科学家们能够揭开这个谜题，也许就能为心脏病患者带来新的希望。

科学小知识

长期以来，人们认为鱼类不会感到疼痛。科学家们曾经这样解释：鱼类的神经系统和大脑比鸟类和哺乳动物的要简单得多，所以它们可能感受不到疼痛。这就像电脑没有特定的程序，就无法执行某些功能一样。不过，最新研究发现：当鱼类遇到可能引起疼痛的情况时，它们的行为会明显改变。比如，它们会竭尽全力避开让它们感到不舒服的地方，即使那里有美味的食物。

那么，鱼类是否像我们人类和其他哺乳动物一样会感到疼痛呢？对此，科学家们尚未得出一致结论。但有一点可以确定：鱼类确实能感受到某种形式的不适。正因如此，许多关心动物福利的人士开始反对用鱼类做实验，即使这些实验可能对医学发展有帮助。

山地大猩猩

——1994年，卢旺达

消息在森林中传开了。林羚听到了，水牛闻到了，鸟类亲眼看到了。

人类疯了。

老实说，我们并不感到惊讶。在我们看来，人类早就失去理智了。他们自称是我们的近亲，说我们和他们的DNA重叠度超过98%。我们山地大猩猩一直难以理解这一点：人类和我们是亲戚？开什么玩笑！

尽管我们外表威猛，但我们不是好斗之辈。你不来惹我们，我们就不会去惹你。我们根本不想离开山岭去什么人类世界。为什么要去？我们自己的事情就够忙活的了——搭建睡觉用的巢穴，寻找食物，照顾幼崽长成强壮的大猩猩。人类却似乎无所事事，还喜欢挑起争端。不久前，他们还偷走了我们的孩子。为什么他们自己就有很多孩子，还要来偷我们的孩子？

我们当然不会坐视不管。我们生性和平，但一旦涉及孩子，我

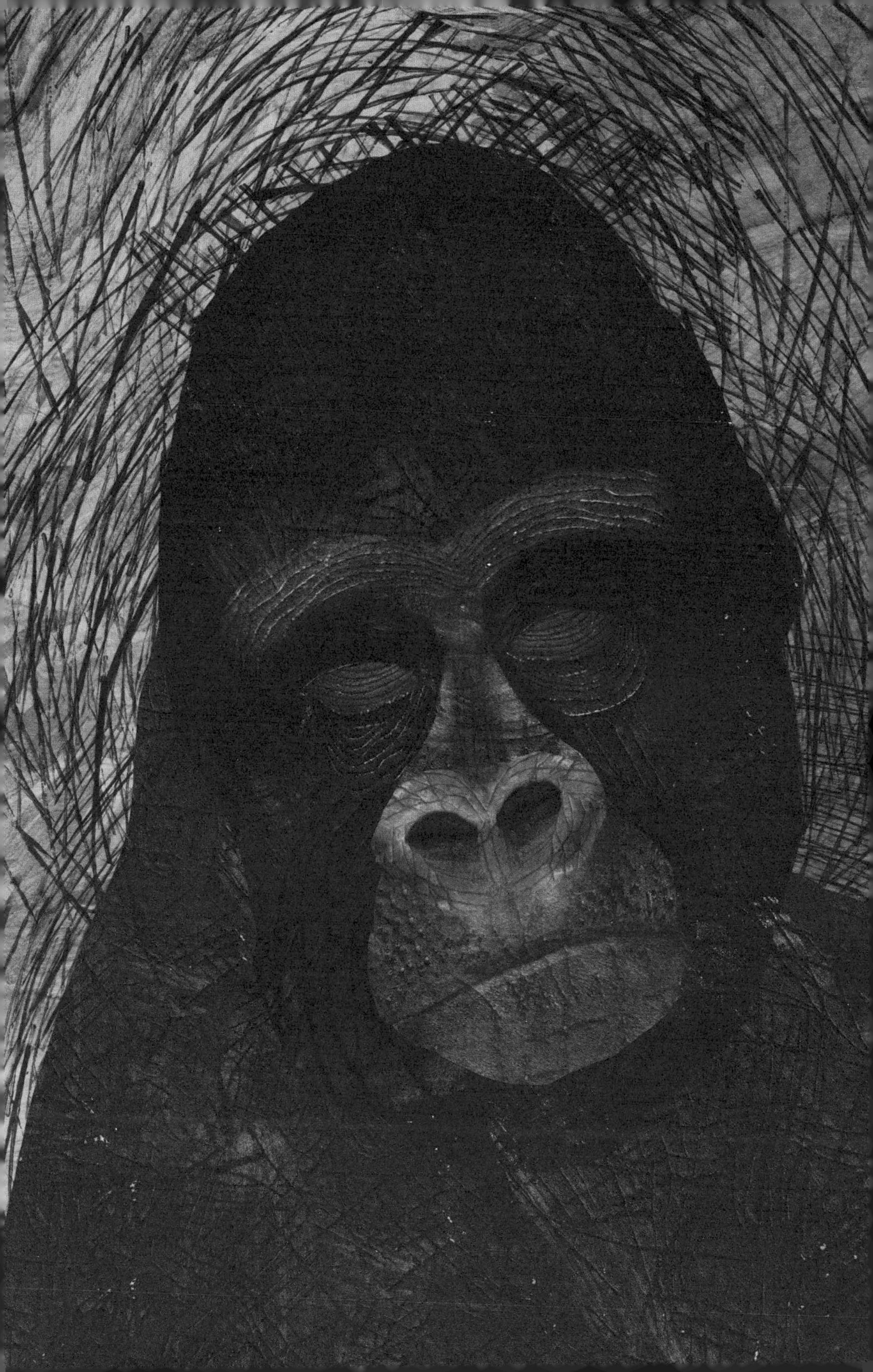

们就会拼尽全力来保护它们。人类没有我们这么强壮，就连少年大猩猩都能一拳将他们击倒。他们心知肚明，所以才使用长矛、斧头和弯刀。我可以向你保证，我们用生命守护我们的幼崽。但每次人类过来后，总会有幼崽消失，森林里到处都是死去的大猩猩——它们的手都不见了。我问你：到底是什么样的生物会砍下自己亲族的手？

如今人类是真的疯了，因为他们开始砍彼此的手。秃鹫告诉我们这个消息，我们简直难以置信。他们对自己的同类下手！但是蕉鹃和林莺也这么说。在林边觅食的林羚听到了尖叫声，水牛闻到了血腥味，所以这一定是真的。

它们说，武装分子拿着哨子和收音机，大喊大叫着横扫这片土地。

它们说，这些人不仅砍手，还砍腿、砍头，什么都砍。

它们说，没有弯刀的人逃进沼泽地，想躲避那些持刀的人，但还是经常被找到。

它们说，村庄里到处都是尸体，连孩子也不能幸免。

没错，你没听错，人类竟然杀害自己的孩子。

这场杀戮持续了大约100天才停止。[1]为什么？是人类恢复理智了吗？还是该死的人都死光了，再也没有什么可砍的了？鸟类也说不清楚。

---

1. 指1994年的卢旺达大屠杀。这场悲剧持续了100天，造成了大规模的人员伤亡。

我们听完后只能默默摇头，然后继续我们的日常生活——筑巢，觅食，照料我们的幼崽，让它们长成强壮的大猩猩。如今，人类又来到我们的山上，但他们不再挥舞弯刀了。他们只是看着我们。我们山地大猩猩性情温和，也就任由他们看。如果人类真的是我们的亲戚，他们还有很多要向我们学习的。

动物之镜

1994年4月6日至7月15日，卢旺达发生了针对图西族的种族屠杀，导致约80万人丧生。这是这个中非山国胡图族多数派与图西族少数派之间潜在的冲突的顶点。4月6日，胡图族总统的飞机被击落，图西族被指认为罪魁祸首。对胡图族而言，这成了大规模屠杀图西族同胞的信号，他们主要使用的是砍刀。电台煽动胡图族"开始工作"——这是屠杀的代号。凶手们用哨子声鼓动彼此。

整个世界目睹了这场屠杀，却没有人采取行动。联合国当时在卢旺达，但被禁止向凶手开火。100天后，这场种族屠杀被来自邻国乌干达的一支主要由逃亡的图西族组成的反叛军队终结。

在卢旺达北部的火山国家公园里生活着山地大猩猩。20世纪，它们被大量偷猎。大猩猩幼崽被卖给动物园。每一只幼崽被偷猎时，都有多只成年大猩猩为保护它们丧生。大猩猩的手掌很受欢迎，常被当作纪念品，甚至被制成烟灰缸。如今，山地大猩猩已成为受保护物种。偷猎被严令禁止。现在，你可以在向导的带领下在雨林中观察它们。

在针对图西族的大屠杀期间，山地大猩猩却安然无恙。这让一位联合国高级将军感叹："我不禁会想，如果被杀的是80万只大猩猩，世界是否会有更多反应。"

科学小知识

种族灭绝意为灭绝一个民族。1944年，波兰律师拉斐尔·莱姆金首次使用这个词。他将两个词组合在一起：希腊语的"genos"（意为"种族""民族"或"部落"）和拉丁语的"cide"（源自"caedere"，意为"杀害"）。莱姆金创造这个词并非偶然。作为犹太人，他在大屠杀中失去了大部分家人。

1948年，《防止及惩治灭绝种族罪公约》规定，如果世界上某地发生种族屠杀，其他国家必须介入。然而，这并不总是得到执行。法国前总统弗朗索瓦·密特朗甚至就卢旺达事件表示："在那样的国家，种族灭绝并不那么重要。"

1994年春天，联合国安理会就卢旺达问题召开了多次会议，但在屠杀持续了65天后，"种族灭绝"这个词仍未被提及。因为一旦使用这个词，联合国就必须介入，而这将耗费巨额资金。相反，联合国使用了"种族屠杀行为"这一说法。这引发了一位记者的尖锐提问："需要多少种族屠杀行为才能构成种族灭绝？"

事实上，在人类历史上，一个民族试图消灭另一个民族的暴行并非罕见。这种悲剧此前已经发生过，之后又在波斯尼亚、达尔富尔和缅甸等地重演。人类似乎从未真正吸取教训。

众所周知，黑猩猩有时会发动战争，杀害同类，雄狮会杀死对手的幼崽以便与雌狮交配，但没有任何动物会像人类那样大规模地杀害自己的同类。

虎鲸凯哥

——1998年，冰岛

有人说我的生活就像是一部电影。我说：把"就像"去掉吧。

你以为《人鱼童话》（*Free Willy*）[1]里的虎鲸是电脑制作的吗？不，我是从妈妈肚子里出来的。你可以在我的简历上看到。每个影星都有简历，我也不例外。

1977年，虎鲸凯哥出生于冰岛雷扎尔菲厄泽村附近海域。

这说法不太准确，"凯哥"这个名字是后来才有的。对大多数人来说，我就是"威利"。这就是成名的代价，人们很容易把你和你扮演的角色混为一谈。两年后，我被捕获，并被卖给加拿大的一个水上乐园。

那天比我的背鳍还要黑。我的母亲，一直陪伴在我身边的它，和其他家人一起被留在了海里。虎鲸的心会碎吗？当我被从海洋中

---

1. 1993年上映的美国家庭冒险电影，讲述了一个感人至深的友谊故事，主角是一个名叫杰西的12岁男孩和一头被圈养的虎鲸威利。

捕捞出来时，我的心碎了。

我被关进一个水池，在那里学习表演技巧。虽然那里还有其他虎鲸，但我不认识它们，而且它们也不喜欢我。在加拿大，我发现即使被他人包围，你也可能感到孤独。

1985年，凯哥被转移到了墨西哥城。

我越长越大，但我的水池却没有跟着长大。只需摆动三下尾巴，我就能游到对岸。水是温的，鱼也没有一点味道。我生病了，我感到前所未有的孤独。

除了偶尔看到一只海豚，我谁也见不到。哦，对了，还有人类——来看我表演的观众和给我喂鱼的训练员。有一天，一个导演来了。他在找一头虎鲸拍电影，我甚至不需要试镜。

1991年，《人鱼童话》开始拍摄。

我没想到自己竟然挺喜欢演戏的。突然间，每个人都开始关注我。他们给我的水池降温，还给我吃更好的鱼。就在我开始适应这种情况时，摄像机又转走了。我想，如果当时情况没有改变，我可能已经死在墨西哥城的那个令人窒息的水池里了。我感到无精打采，浑身无力。但是，情况确实发生了变化。

1996年，凯哥被转移到了美国的俄勒冈。

大自然没有给虎鲸翅膀，但我又一次在空中飞翔。在俄勒冈，我得到了一个巨大的水池，里面有宜人的凉水。我又是孤零零的一个，但在水池的玻璃后面，他们放映虎鲸的电影。我在那里看了好多遍《人鱼童话》。

1998年9月9日，凯哥被空运回最初被捕获的冰岛海湾。

然后，我开始了最后一次旅行。他们把我放进了一个不是水池的水池，有鸟在我头顶盘旋，有鱼在我身边游动。咸咸的海水，波浪，还有风……我的大脑花了一些时间才敢相信我的身体早已知道的事实：我回家了。

训练员们仍在附近，但我可以随心所欲地游泳。我知道还有其他虎鲸。它们的歌声随着波浪向我涌来。我的妈妈在那里吗？

心底深处，我感觉到那颗破碎的心，正在轻轻地，一片一片地重新拼接起来。

明星动物

凯哥是一头虎鲸，1979年在冰岛附近的海域被捕获，经加拿大某个水族馆转手，最终被安置在墨西哥城，为观众表演特技。华纳兄弟影业公司在寻找一头虎鲸来拍摄新电影时发现了它。

《人鱼童话》讲述了一头在海洋公园里的虎鲸重获自由的故事。这部电影成了轰动一时的大片，华纳兄弟收到了大量儿童来信：真实的威利现在怎么样了，它也自由了吗？

不，凯哥并不自由。它在墨西哥城狭小的水池里日渐衰弱，这让电影制片人感到内疚。人有人权，难道动物没有任何权利吗？于是，一场解救凯哥的募捐活动开始了。许许多多孩子慷慨地捐出了自己的零用钱。

凯哥获得了一个圈养虎鲸从未有过的机会：它能回到大海了。但这并不是件容易的事。由于长期与人类接触，它已经忘记了如何在野外生存。训练员们不得不重新教导它。他们首先在俄勒冈为它特别建造的水池里开始这项工作。为了让凯哥适应其他虎鲸，他们在它水池的玻璃窗前放映虎鲸的影片。之后，它被空运到了冰岛。

训练员们指导凯哥如何适应海洋中的新生活。但人类不过是

糟糕的虎鲸老师。唯一能真正教会虎鲸如何做一头虎鲸的，只有另一头虎鲸。

凯哥确实会去寻找海湾外的同类，但总是与它们保持一段距离。每天结束时，它总是回到训练员那里领取鱼食。如果能找到自己的母亲，凯哥的情况可能会有所不同。凯哥仍旧在它最熟悉的对象——人类——那里寻求安全感。

2002年，凯哥跟随一群野生虎鲸横越大洋来到挪威。它安全抵达，但在挪威的峡湾里，它仍在寻找人类的船只。训练员们追随而来，继续给它喂鱼。凯哥回到了野外，但它并不是一头真正的野生虎鲸。

2003年12月的一天，凯哥突然不愿进食。两天后的12月12日，它因肺炎去世。

凯哥回到冰岛以后，那里再也没有捕捉过虎鲸为观众表演特技。这是凯哥留给同类的重要遗产。然而，许多人仍对解救它的行动持批评态度。他们认为，为拯救一头虎鲸而花费的数百万美元，本可以用来保护整个物种。

科学小知识

我们可以让动物为我们工作吗？我们可以像对待凯哥那样，让动物在马戏团、儿童农场和水族馆进行表演吗？我们可以为了食物、衣服、鞋子和药物试验而杀死动物吗？我们可以将动物用于科学研究吗？或者说，动物也应该拥有权利，应该有法律来保护它们吗？

印度著名的精神领袖圣雄甘地曾说："一个国家的文明程度可以从它对待动物的方式来衡量。"他的意思是：一个国家对待动物越好，这个国家就越文明。

在许多国家，动物在法律上被等同于可以任意处置的物品。这些国家的立法者声称，动物不能轻易获得与人类相同的权利，因为动物不能作为法律主体。这些立法者继续解释：这个问题真的很复杂。水母和黑猩猩应该获得相同的权利吗？如果你拍死一只蚊子，是不是就要出庭受审？

然而，越来越多的人认为动物权利应该成为法律的一部分。比如，荷兰"动物党"希望通过将动物权利纳入宪法来结束对动物的剥削。德国在2002年就已经这样做了。其他在动物权利方面表现出色的国家包括奥地利、新西兰和瑞士。

顺便说一下，甘地的观点并不完全正确。当阿道夫·希特勒1933年在德国掌权时，他制定了一系列前所未有的动物保护法。狗不再被允许用于狩猎，家畜必须在麻醉状态下被屠宰，龙虾不能再活煮，无法治愈的病畜必须无痛处死。1934年，柏林举办了第一届国际动物福利会议。1938年，动物保护成为学校和大学的一门课程。这些都是对动物有利的好消息。

然而，仅仅一年后，希特勒发动了第二次世界大战，这场战争夺去了8000万人的生命。

大熊猫凤仪

——2014年，马来西亚

我们不是礼物。这是他们在送我们离开前说的。"记住，福娃和凤仪，我们不是把你们送人，只是把你们借出去。"

礼物、借出去……这些对我们来说没什么意义。先前我们在那里，现在我们在这里。一切都有点陌生，但感觉还不错。因为我身边还有福娃，它不是陌生的。我们排排坐嚼竹子。

最近几个月很不平静，他们在为我们准备旅行。他们说："福娃和凤仪，你们要去旅行了。"我们觉得很困惑。我们熊猫能理解雾，能理解寒冷，能理解竹子和可以睡觉的树，但我们不理解"旅行"。

有一天，我们进了笼子。我看了看福娃，突然周围就暗了下来。我的耳朵有点痛。一切声音都变得沉闷，然后我的脑袋里"砰"的一声，又有了声音。我们被放了出来，面前是另一个笼子。有人送来了竹子。接着我们开始移动，这感觉很奇怪，因为我们的屁股压根就没离开地面。

就在我们以为这些奇怪的事情会永远持续下去的时候，我们停了下来。他们说："今天是庆祝日，福娃和凤仪！"

什么是庆祝日？我们看到很多人，他们笑着挥手。我们倒是无所谓，但人类看起来很高兴。有个人开始说话，听起来是很重要的事。他称我们为"友谊的象征"。什么是象征？我们是象征吗？我不明白，我只知道福娃是我的朋友。

那是几天前的事了。那个人又走了。这里和我们以前住的地方差不多。我们的饲养员很好，他给我们送水和美味的竹子。福娃就坐在我身边。给你，福娃，新鲜的竹子。我知道它想要什么。福娃是我的朋友。它嚼竹子的声音比我还响。

我们像两个圆滚滚的球一样并排坐着。我瞥了一眼福娃，福娃也看看我。它用爪子递给我一段嫩竹。突然间，我对竹子失去了兴趣。我想要别的东西。这种奇怪的感觉传遍了我的身体。我轻轻地用鼻子蹭了蹭福娃。来吧，福娃，你也有这种感觉吗？福娃茫然地看着我。它还在举着那段竹子。我摇摇头。不要竹子啦,福娃。跟我来,就我们俩。我站起来回头看,福娃还是一动不动地坐在那里,连眼皮都没抬一下。快点,福娃!它为什么不跟我来呢?

我是只大熊猫。我懂得薄雾中的竹林,懂得冬日里温暖的阳光,懂得竹子的清香和树上舒适的午觉。我也懂福娃。但这一次,福娃似乎不懂我了。

动物作为外交使者

福娃和凤仪是两只大熊猫,2014年5月21日被中国"租借"给马来西亚,为期10年。这一举措被称为"熊猫外交",是中国向其他国家传递友好信号的独特方式,意在表明:"我们愿意与你们建立良好的贸易关系。"

大熊猫并非礼物。接收国需要支付租金才能在特定时期内饲养它们,且在此期间诞生的大熊猫宝宝仍然属于中国。如果中国与某个国家关系恶化,还可能提前召回大熊猫。

大多数国家都欢迎大熊猫的到来。凭借那对令人心醉的黑眼圈和憨态可掬的坐姿,这种濒危动物总能吸引众多游客。世界自然基金会（WWF）选择熊猫作为其标志，可见它的魅力非同一般。

当福娃和凤仪最终抵达吉隆坡国家动物园时，马来西亚官员和中国大使发表了欢迎致辞，称赞它们为两国友谊的象征。

到达吉隆坡几天后，凤仪表现出想要与福娃交配的意愿。这是个特殊时刻。雌性大熊猫每年仅有72小时的发情期。在野外，它们会留下气味来吸引雄性；但在人工饲养环境中，它们往往不会这么做，导致雄性不知该如何行动。虽然福娃最初没有回应，但凤仪后来还是成功孕育了3只大熊猫宝宝，这堪称大熊猫界的一个奇迹。

科学小知识

动物外交：从古埃及到现代中国

早在古埃及时期，法老们就已经巧妙地将动物用于外交。他们将稀有动物赠送给友好的统治者，借此展示自己的财富和权力。这不仅是一种炫耀的方式，更是加强与接受国关系的高明手段。

中国的"熊猫外交"延续了这一古老传统。大熊猫作为濒危物种，野外仅存不到2000只，因此格外珍贵。1957年，第一只大熊猫被赠送给苏联——那时大熊猫还是真正的礼物，可以永久留在苏联。但自20世纪80年代起，熊猫只以"租借"的方式出国，且通常为期10年。

有趣的是，这些毛茸茸的"和平使者"有时也会成为国际关系的晴雨表，并且生动地展示了动物外交的复杂性。

值得一提的是，中国并非唯一善用动物进行外交的国家。澳大利亚有"考拉外交"，印度尼西亚则有"科莫多巨蜥外交"。这些可爱或独特的动物都成了各国展示友好姿态的活招牌。

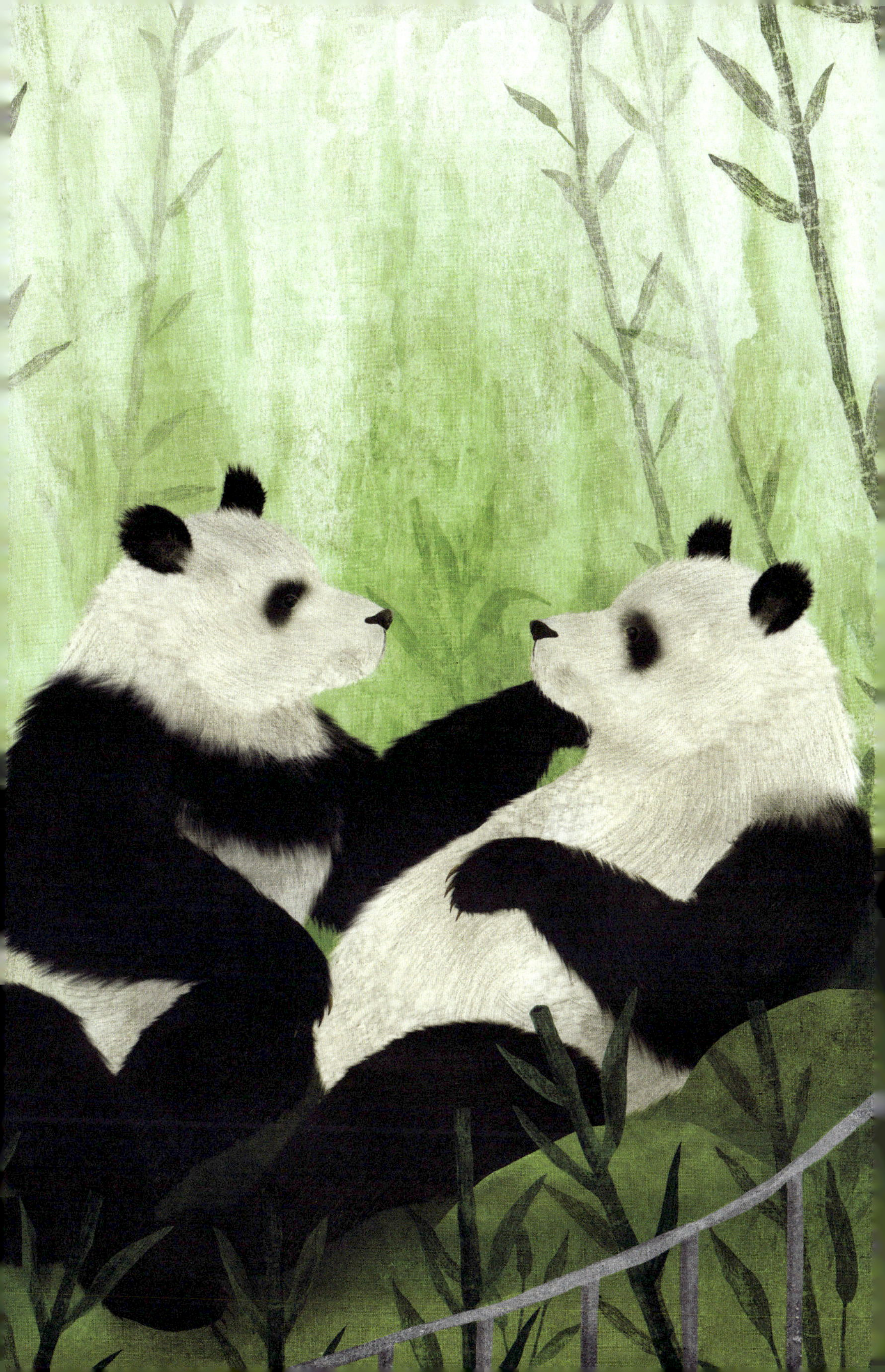

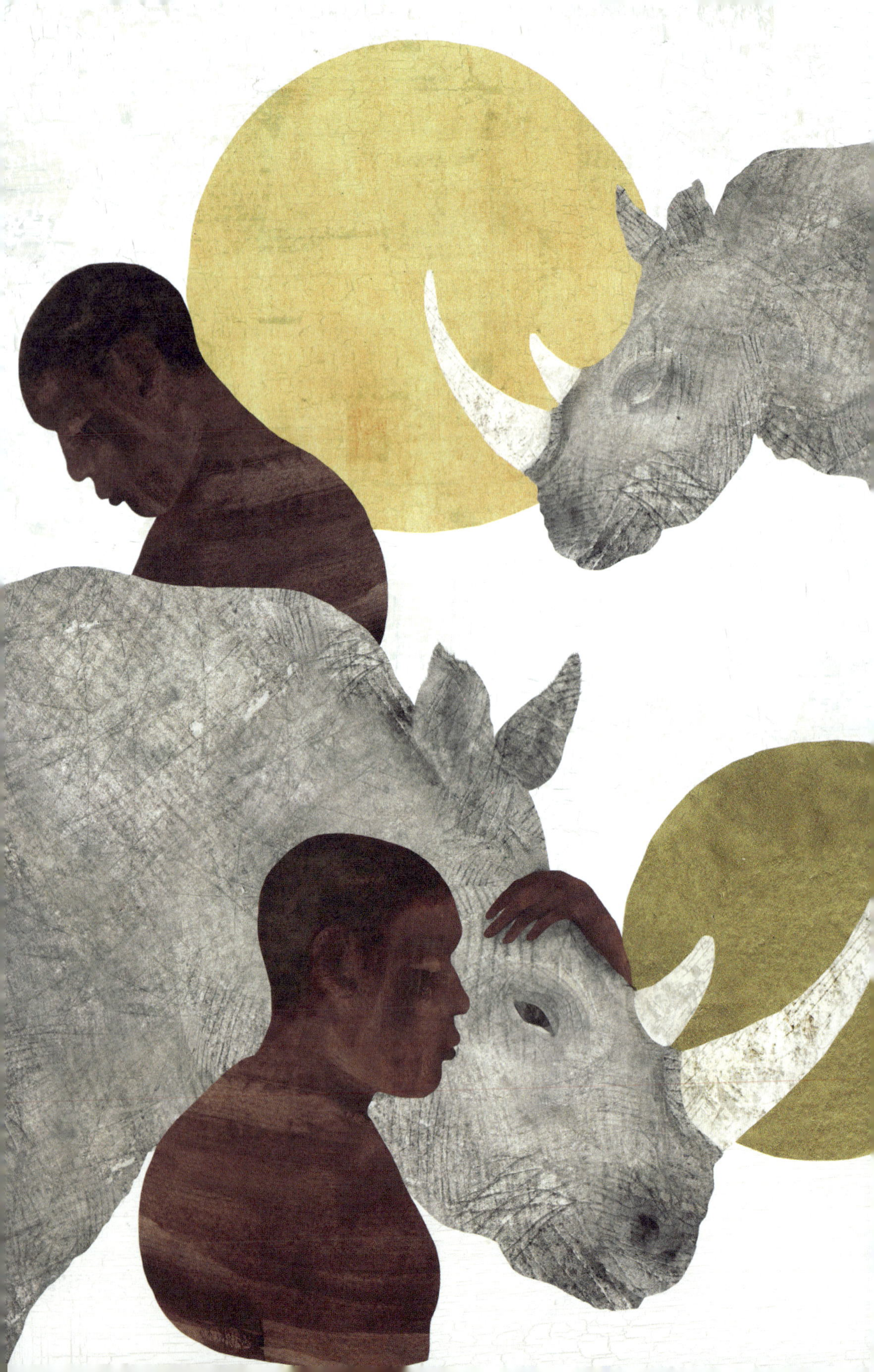

北方白犀牛法图

——2018年，肯尼亚

它走了。一位饲养员刚刚来告诉我们这个噩耗："法图，我们很遗憾，苏丹去世了。"

这是个令犀牛心碎的灰暗日子。细雨落在草原上，也落在我的心头。纳金站在我身边。"现在只剩下你们两个了。"饲养员用我们喜欢的方式揉搓我们两耳之间的地方。苏丹昨天还站着的地方现在变成了一个犀牛形状的空缺，仿佛被生生挖走了一块。

它年纪大了，眼睛周围布满皱纹，身上有溃疡。它走路时，脚趾像耙子一样在红色土地上留下深深的印记。最近，它的腿越来越频繁地颤抖，像座即将倒塌的小山。我知道有一天它会像苏尼一样再也站不起来，只是没想到那一天就是今天。

曾经有四个大家伙。我们住在人类的地方，那时跟现在很不一样，四周是畜栏而不是辽阔的草原，脚下是硬邦邦的混凝土而不是柔软的草地。直到有一天，我们被哄进了一辆大卡车，等我们再次睁开眼睛，就来到了这里。这里也有人，但不多。他们笑着说:"欢迎来到奥尔佩杰塔保护区[1]。"

我们小心翼翼地嗅闻周围的气味。树木像巨大的遮阳伞一样展开枝叶。我们第一次听到长颈鹿和斑马的声音离我们这么近。老实说,那感觉挺吓人的。最初几天里,我们看到猴子就跑;落在背上的鸟也把我们吓得不轻;还有那突然刮起的风!太可怕了!

直到我们见到陶沃[2]。陶沃看起来和我们很像,却又不太一样。它速度很快,看起来很凶猛,但从不对我们发脾气。多亏了陶沃,我们学会了不必害怕猴子、鸟和风。我们慢慢明白了,非洲不是什么可怕的地方,而是我们真正的家。

在奥尔佩杰塔,每一天都很平静。我们悠闲地吃草,在泥浆里打滚,用石头磨利我们的犀角。我们的饲养员总是在附近。每当我们醒来,他们就会给我们来次彻底的"抚摸",其实应该说是"刷洗"才对:毕竟我们的皮厚得像盔甲,轻轻的抚摸根本感觉不到。

之后,我们在草原上慢悠悠地散步,饲养员们也跟着我们一起散步。还有一些带着枪的人在我们身边。说实话,我不知道他们拿枪做什么。

有一天,苏尼再也没站起来。那时我们还剩下三个。苏丹的皱纹越来越多,每多一道皱纹,就会有更多的人来看它。他们坐着小巴来到这里,每个人都想和苏丹合影。

---

1. 奥尔佩杰塔保护区是肯尼亚的一个野生动物保护区,也是苏丹最后的栖息地。
2. 一只南部白犀牛。

现在苏丹走了，我不知道人们还会不会来。两个——听起来太少太少了。如果他们再也不来，纳金和我又可以独享奥尔佩杰塔了。即使没有苏丹，太阳依然会像个炽热的火球一样升起在草原上空。有朝一日，如果纳金也站不起来了，而我也永远地躺在这些伞状树下，太阳仍会如常升起。

稀有动物

纳金和法图是世界上仅存的两只北方白犀牛。如果它们离世，这个物种就将永远消失。这两只白犀牛出生在捷克的一个动物园，苏丹和苏尼也曾生活在那里。

这是很罕见的：犀牛在圈养环境中很难繁衍后代。因此，2009年这四只犀牛被空运到肯尼亚的奥尔佩杰塔野生动物保护区。

饲养员们希望纳金和法图能在非洲的自然环境中自主繁衍。

遗憾的是，2014年苏尼去世后，45岁的苏丹于

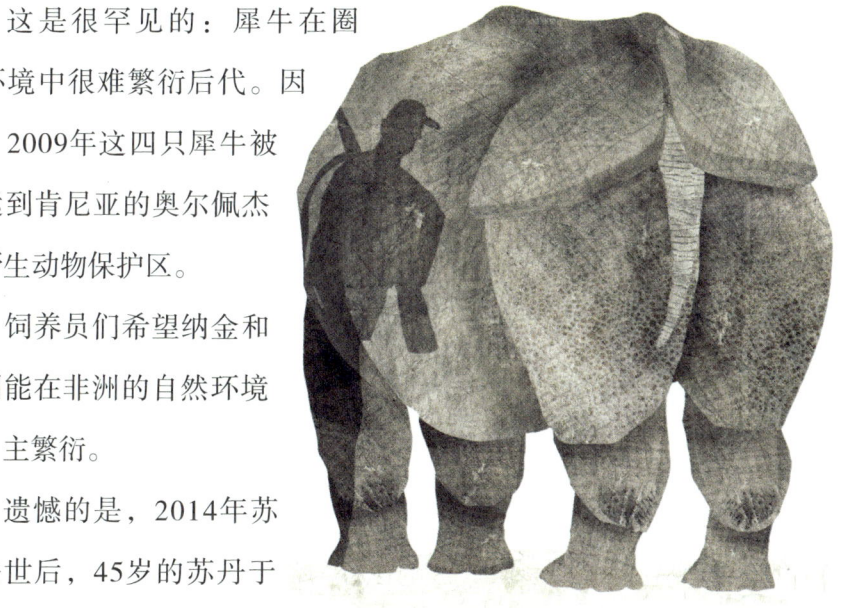

2018年3月19日被实施了安乐死，没有留下任何后代。现在，两只雄性犀牛的精子和纳金、法图的卵子被保存在美国圣迭戈研究中心的"冷冻动物园"里。这个物种的未来就躺在冰冷的液氮罐中。

由于纳金和法图自身怀孕的可能性很小，科学家们计划将胚胎植入南方白犀牛雌性体内，比如陶沃。南方白犀牛与北方白犀牛关系密切，而且按照犀牛的标准，它们的处境还算不错：还有约2万只。

在乌干达、苏丹、乍得和刚果的湿润草原上，曾经也有成千上万的北方白犀牛。直到偷猎者将这个物种推向灭绝的边缘，只剩下动物园里的几只。犀牛角被用作也门匕首的把手，也被用于中国传统医药。然而，人类还是愿意为此支付高价——比钻石还贵，比黄金还贵。

只剩两只的北方白犀牛是地球上最稀有的动物。对偷猎者来说：越稀有，价越高。因此，纳金和法图不仅受到精心照料，还有持卡拉什尼科夫步枪的人日夜守卫。

人类的行为再次显得荒谬：先是将北方白犀牛赶尽杀绝，眼看它就要绝种了，又竭尽全力想挽救它。在苏丹生命的最后几年，世界各地的人们都前往肯尼亚，只为一睹这最后一只雄性北方白犀牛。苏丹成了超级英雄，自然保护的象征。灭绝不再是不为人知的过程——就像曾经的夸加斑马那样——而成了全球新闻，也造成了一些轰动效应。

只剩下两只雌性，是否能再次培育出健康的北方白犀牛种群成为一个问题。苏丹是纳金的父亲，纳金又是法图的母亲，近亲繁殖的风险很大。尽管做出了种种努力，这个物种仍有可能成为第六次大规模物种灭绝[1]的一分子。

科学小知识

2019年，联合国发布了一份报告，警告"大规模物种灭绝"的危险。这是短时间内全球范围内大量物种消失的过程。报告指出，约有100万种动植物面临灭绝的威胁。

正如你在地懒的故事中读到的，物种灭绝并非新鲜事。事实上，曾经存在过的所有生物中，超过99%的生物已经灭绝了。大规模灭绝事件也曾多次发生。科学家们认为，我们的星球已经经历5次大规模灭绝浪潮，每次都导致75%到90%的物种消失。最近的一次就是导致恐龙灭绝的那次。

所有这些大规模物种灭绝浪潮都是由自然灾害引起的，这些灾害导致地球温度急剧上升或下降。现在逼近我们的第六次大规模灭绝，是首次由单一物种造成的：人类。我们要为森林砍伐、过度捕捞、狩猎、环境污染和气候变化负责。正是这些人为因素，导致如今物种灭绝的速度比自然进程快了数百倍。

---

1. 第六次大规模物种灭绝是指当前正在发生的、由人类活动导致的地球生物多样性的急剧减少。科学家们认为，目前物种消失的速度远远超过自然背景灭绝率。之所以称为"第六次"，是因为地球历史上已经发生过五次大规模灭绝事件，最著名的是6500万年前导致恐龙灭绝的那次。

爪哇穿山甲[1]

——2019年，东南亚

谁在我头上拉屎了？

不是穿山甲，我认得自己的粪便。这种气味我不熟悉。我认不出是谁。光线很亮，刺痛我的眼睛。就在不久前，我还生活在黑暗中。只有当星星出现时，我才会外出觅食。肥美的白蚁丘就在眼前，只要将舌头伸进蚁穴，食物就会自己送上门来。那些夜晚多么安静啊……除了猫头鹰、云豹、懒猴，以及蝙蝠扑动翅膀的声音，我的耳边一片宁静。而这里嗡嗡作响，尖叫声不断。我想缩起来，遮住头，将自己与噪声隔绝，可是做不到。我的笼子太小了，我甚至无法转身。

我在这里做什么？

我的后腿好疼，我看不到，但感觉它在流血。我熟悉粪便、血液和死亡的气味，但从未如此浓烈过。我透过栏杆向外张望。我的视力不好，但我能看到它们——笼子。笼子杂乱地堆叠起来，像被连

---

1. 一种濒危的穿山甲物种，主要分布在东南亚地区。它们的鳞片和肉在非法野生动物贸易中备受追捧，导致其数量急剧下降。

根拔起的树一堆堆烂在地里。某处有扑翅声，那一定是鸟，或者是蝙蝠？太远了，我看不清。我旁边是条蛇，另一边是只乌龟。对面那只灰色带黑斑的动物我以前从未见过。它盯着我。我闻到它的恐慌，比它散发的麝香味还浓烈。我回瞪过去。突然，我的视线被挡住了，一颗头颅进入我的视野——只有顶部有毛。嘴巴张开了。我看到一条比我的舌头短的舌头。嘴巴在叫嚷。我紧紧地闭上眼睛。

我在这里做什么？

啪嗒。

又是一坨粪便落在我头上。我一定是打了个盹。粪便进了我的眼睛。我试着回想起自己是怎么来到这里的,可脑中一片混沌。那时我正在树上休息,夜色正浓。突然,刺眼的光芒照进我的眼睛。那不可能是月光。我还没反应过来,就被网住了。网收得太快,我根本来不及蜷缩。我能变成全身覆盖鳞片的球,能抵挡住云豹的袭击,但面对这些吼叫的生物和他们限制我行动的网,我却无能为力。他们把我塞进了麻袋。里面漆黑一片,如同我熟悉的夜晚。但除此之外,一切都好陌生。森林的气息消失了,取而代之的是其他味道。陌生的气味,我不知道自己在哪里。直到现在我还是不知道。我饥肠辘辘,浑身无力。笼子里没有水。

我在这里做什么?

咦?

又一个脑袋出现了。笼门打开了,粗糙的爪子向我抓来。我往后缩,但立刻就碰到了笼子背后的墙。

我在这里做什么?

我在这里做什么?

我在这里做什么?

动物:疾病的传播者

世界人口即将达到80亿。有人富有,更多

人贫穷，但人人都需要食物。对贫困人口而言，狩猎常常是获取蛋白质的唯一途径。他们在亚洲、南美洲和非洲的森林和田野中捕获的野生动物肉被称为"丛林肉"，可以是各种动物：羚羊、竹鼠、豪猪、麝猫、蛇、穿山甲、棕榈狸、鸟类、蝙蝠、猴子、青蛙……

近来，又出现了另一类食用"丛林肉"的群体。与前者不同，这些是有钱人。对他们来说，食用野生动物是一种身份象征，在东南亚尤为流行。专家将这种现象称为"野味时代"。东南亚有很多家野味餐厅，这些餐厅从湿货市场（即菜市场）采购肉类——那里销售新鲜食品。

"湿"字指的是用来保鲜的冰和水。大多数湿货市场的肉类来自鸡、猪和羊，但有时也有现场宰杀的野生动物。这并非总是合法的。穿山甲是濒危物种，官方禁止交易，但仍在湿货市场上出售。穿山甲是种害羞的夜行动物，栖息于非洲和亚洲。

人们猎捕穿山甲是为了获取它的肉和鳞片。这些鳞片由角蛋白

构成，与犀牛角是同一种物质。在东南亚，人们相信它们能治疗癌症等疾病。

对穿山甲的需求如此之大，以至于尽管濒临灭绝，它仍是世界上走私最多的野生动物。

湿货市场上的动物被关在密集堆叠的笼子里，有些带病或带伤。粪便、尿液和血液从一个笼子渗入另一个笼子。科学家们多次警告，湿货市场是病毒传播疾病的温床。

病毒是需要动物才能生存的致病性微生物。携带病毒的动物被称为储存宿主。这种动物自身通常不受病毒影响，但可以将病毒传播给其他动物。第二种动物是宿主，它也可以将病毒传播给其他物种。

曾经，这些病毒及其储存宿主安全地藏在热带雨林和偏远洞穴中，远离人类世界。但随着世界人口不断增长，人类越来越深入自然界。野生动物被从自然栖息地带出，运往远方的市场时，危险的情况就出现了。病毒从储存宿主中被释放出来。突然间，它被新的宿主包围：人类。如果病毒成功地由动物传给人类，再由人传人，它就会"欣喜若狂"。人类数量众多，为病毒提供了理想的生存环境。

科学小知识

"人畜共患疾病"是一种可以由动物传染给人类的感染性疾病。一旦人畜共患疾病开始在人与人之间传播，这种疾病就能更快地蔓延，并有可能引发流行病甚至大流行病。禽流感、埃博拉病毒、艾滋病和新冠病毒都是人畜共患疾病的例子。

布氏纳米变色龙

——2021年，马达加斯加

呼，等得真够久的。我们都等不及了，但他们却慢慢悠悠，磨磨蹭蹭，像蜗牛在爬。不过这一刻终于到来了：我们被发现了。呼，总算松了口气。

老实说，本以为他们会更早发现我们的。马达加斯加蓝鸠早在1760年就被发现了。马达加斯加长尾狸猫呢？1833年。至于指猴，他们曾宣布它灭绝了，殊不知它一直都在，直到1957年才被重新发现。

但我们呢？

未被发现，未被察觉，被彻底忽视，好像我们根本不存在似的。事实上，我们确实存在。小归小，但我们的存在感可一点都不小。

当然，我们早就看到他们了。他们实在太显眼了。你听说过人类能悄无声息地穿过灌木丛吗？他们发出的沙沙声简直震耳欲聋。年复一年，我们看着他们在我们的雨林里横冲直撞。我们还大喊："这里！这里！"可他们从来听不见我们。

直到最近。突然间，我被从草叶上摘了下来，放在一个人类的手指上。"很高兴认识你，布氏纳米变色龙。"其中一个说。另一个则笑着说："这名字对这种小家伙来说可真拗口。"

现在他们叫我们B.nana。我们觉得这个名字挺好的。一个能让你脸上有光的名字，一个有格调的名字。

"B.nana 是谁？"

"就是布氏纳米变色龙啊。"

"哦，对，就是它。"

自从发现了我们，他们就再也控制不住自己了。他们给我们称重、测量，还拿出放大镜、显微镜和长镜头相机。我们不知道这些词具体是什么意思，但他们一直将这些词挂在嘴上。

"让我看看显微镜。"

"先把标本给我。"

"目镜调错了。"

"把你的长镜头挪开。"

标本就是我们。他们透过目镜盯着我们看，直到眼睛都酸了。连续几天，我们被观察，被研究，被分析。他们喃喃地念着数字，有一次还欢呼起来。

"我们有了一个冠军。"

"一个小小冠军。"

"哈哈哈！"

他们把我们身体的每一处都仔细研究了一遍，我们被从各个角度检查完毕，然后他们发布了一篇新闻稿。稿子是这样写的："马达加斯加发现的纳米变色龙，可能是世界上最小的爬行动物"，"和葵花子差不多大"。我们的发现者满意地朗读着这些报道——英文版、中文版，甚至在荷兰——那个在国家中也算是个"纳米"的小不点国家——我们也成了新闻。

而我们呢？我们感到满足和欣喜。

在我们还未被发现时，钩嘴䴗（jú）、短角变色龙和丝绒冕狐猴说过："趁现在好好享受吧。一旦他们知道你们的存在，你们就再也甩不掉那些麻烦了。"

不知道他们说的是什么麻烦，但我们已经在《物种大名录》上有了一席之地。之前名录上有11499种爬行动物，现在是11500种。我们被发现了，我们被计入其中，我们没有被忽视。如果再见到丝绒冕狐猴，我会说："现在，我们的存在感可比以前强多了。"

动物——希望的象征

2021年2月，一则新闻短暂地引起了全球轰动：科学家们在马达加斯加发现了一种新的变色龙。这可不是普通的变色龙：布氏纳米变色龙从头到尾仅有2.9厘米长。它是一只真正的迷你变色龙。

科学家们像孩子一样兴奋。因为在这个越来越多的动物正在消失的星球上，新物种的发现是希望的象征。而且这个小家伙比已知的最小变色龙（布氏微型变色龙，3厘米长）更小。布氏纳米变色龙真的是最小的变色龙吗？还是说矮小化能更进一步，还有更小的、尚未被发现的变色龙？科学家们的脑海中涌现出无数疑问。

世界上所有变色龙物种中，约有一半生活在马达加斯加——非洲东部的一个大岛国。这个国家被誉为"第八大洲"，因为这里有许多奇特的动植物，其中的大多数都是这里的特有物种。例如，世

界上最大的变色龙——帕森氏变色龙（近70厘米长），以及最小的变色龙都栖息于此。布氏纳米变色龙隐居在岛屿北部热带雨林的山坡上，藏身于树叶间，以螨虫和跳虫为食。

然而，科学家们不得不遗憾地承认，这个栖息地正面临威胁。这是一个坏消息。

马达加斯加是世界上最贫困的国家之一，许多人靠种植维生。由于岛上人口逐年增长，马达加斯加人（又称马尔加什人）需要越来越多的土地生存，大量雨林被砍伐，而被砍伐的雨林正是布氏纳米变色龙等稀有动物的家园。就这样，这个刚被发现的小爬行动物立即被列入了极度濒危物种名录[1]。

如今，布氏纳米变色龙所在的雨林已被划为保护区。但是，仅设立保护区是不够的，要确保这个小小变色龙的未来，还需要更多努力。只要马达加斯加人的生活状况得不到改善，岛上的动物就会继续处于危险之中。

---

1. 由世界自然保护联盟（IUCN）制定的红色名录中最危急的部分，表示该物种在野外面临极高的灭绝风险。

科学小知识

为了在特殊环境中生存，动植物会进化出独有的特征。例如，保护色或御寒的皮毛。在岛屿上，情况更加与众不同：动物往往要么异常微小，要么格外巨大。马达加斯加曾经存在过侏儒河马和有史以来最大的鸟类——象鸟；澳大利亚有一种巨型蟑螂；科莫多岛上栖息着庞大的科莫多巨蜥；而在圣赫勒拿岛，至今还生活着一种长达7厘米的巨型蠼螋[1]。这些现象被称为"矮小化"或"巨型化"。这究竟是怎么回事呢？

科学家们发现，岛屿上的大型动物倾向于变小，而小型动物通常会变大。他们将这种现象称为"岛屿法则"。关于哺乳动物，他们提出了如下理论：如果一种动物在岛上面临的捕食者的威胁更少，它就会变得更大。其原因是，体形越大，能储存的脂肪和水分更多，生存机会也就越大。相反，当某个物种面临食物短缺的威胁时，就会变小。在这种情况下，体形变小反而能确保物种的延续。

---

1. 属于蠼螋目，是一类常见的昆虫。体中型或小型，一般扁平狭长。腹部末端有一对明显的铗状尾须。多数种类有翅膀，但不常飞行。多在阴暗潮湿的环境中活动，如树皮下、落叶中等。大多是夜行性动物。有些种类是杂食性，既吃植物，也吃小昆虫。常见的大蠼螋，体长2.5—3厘米，但有些种类可以达到7厘米。

猫咪二号约瑟夫
——2022年，南非

她是我们的仆人，我们的跑腿，我们的厨师，我们的看门人。她铺好我们的窝，填满我们的食盆——大多数时候是这样。但有时她的服务质量差劲：太晚，太少，牌子不对，甚至偶尔会把难吃的药丸塞进我们的喉咙，往我们脖子上喷冰凉的液体。这种时候，我们就会嘶嘶叫，亮出爪子。没错，对她也是如此——作为一只猫，你可不能事事忍气吞声。

起初，只有我和弟弟两只猫。一天，她把我们接走了。我们一点也不喜欢那辆车。我们用响亮的"喵喵喵"表达了不满。好吧，可能也不算太响亮，那时我们还是小奶猫，发出的声音可能更像"咪咪咪"。反正她根本不在意。

她把我们带到了一座带内院的房子。那里挺不错，我们长得很快。这持续了多久？猫不数日子，我有更要紧的事要做——在洗衣篮里打盹，追蝴蝶，拍打弟弟的脑袋。不，这不算欺负它，是它自找的。

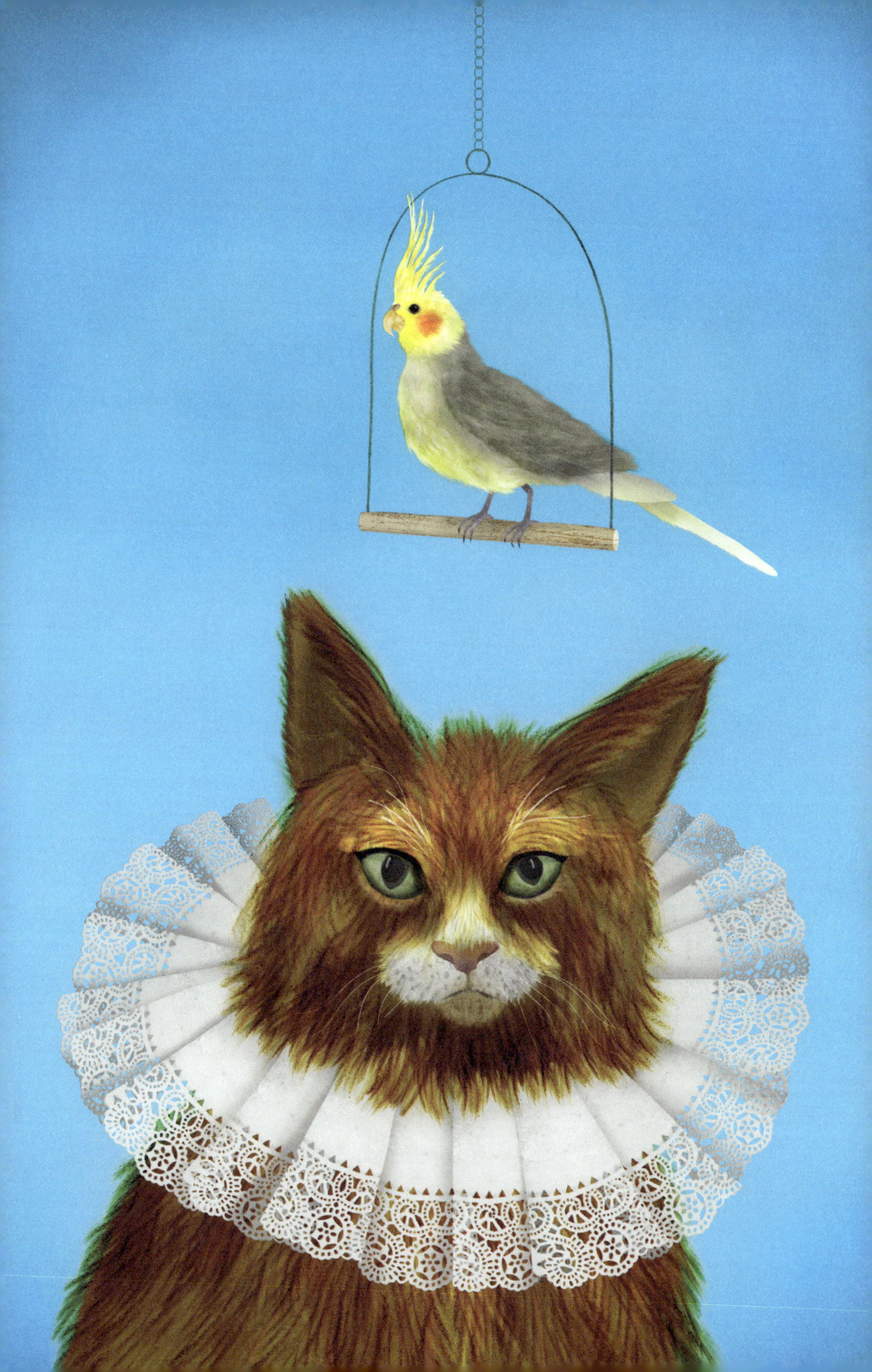

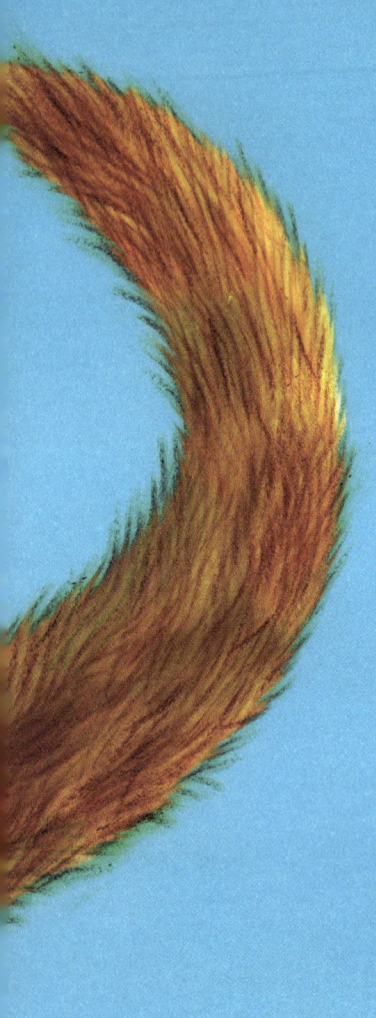

然后，有一天，又来了两只猫。它们就这么从篱笆里钻了进来。两个毛茸茸的小球，小得让人吃惊。那女人兴奋极了，发出那种欣喜若狂的声音。要我说，她简直是疯了。但没人征求我的意见。更糟的是，那女人还把厨房门打开。这两个小毛球蹦蹦跳跳地进来了——对猫来说这很正常。

它们肯定在想：哈，又一个免费的家！

突然事情就失控了，它们开始赖在这儿——起初只是偶尔过来，后来会霸占沙发，一不留神，它们就占了我们的床。行吧行吧，我知道那是女人的床，但说实在的，她才是借宿的那个。我不乐意，我当然不乐意。老天爷呀，谁愿意多养两张嘴？但女人已经拿定主意，尽管平常她对我和弟弟有求必应，这回她却固执得很。

不得不承认：慢慢地也就习惯了。现在多了两个脑袋等着挨巴掌，好在它们算懂规矩的。有一天，她又毫无预警地把我们塞进车里。我们四个都气炸了毛，但一点用也没有。

接着情况变得更糟，因为我们的篮子被放进了一个黑漆漆的空间。我能听到其他猫的声音，但看不见它们。周围有奇怪的噪声。感觉过了几辈子那么久，又是一辆车，那会儿我们累得连叫都懒得叫了。我们来到一座陌生的房子里，外面是黑乎乎的夜。第二天，一切都带着陌生的气味。女人却一个劲地欢呼："你们看到海了吗？你们看到海了吗？"

我们哪知道什么是海，那个又大又蓝的水坑吗？

但我们开始慢慢明白她为什么这么兴奋了，因为花园大得离谱。

这里有能爬的树，还有能追的松鼠；好吧，有时也会发生怪事，比如有一次狒狒在屋顶上横冲直撞——太没礼貌了。当然，这种事没人跟我们商量。除了那些狒狒，这里很棒，非常棒。虽然不太清楚是怎么回事，但我们似乎到了天堂，而且她依然是我们的贴身仆从。

作为家庭成员的动物

科学家告诉我们，第一只宠物是一只小狗。1978年，他们在以色列北部发现了一个1.2万年前的坟墓，里面有一位女性和一只小狗的遗骸。小狗靠近那位女性的头部，那位女性的手搭在小狗身上。科学家们认为，这表明她非常爱这只狗。

人类是唯一会把其他动物当作伙伴的动物物种，不同国家的情况不同。我们家里养仓鼠、鹦鹉、沙鼠和金鱼。在尼日利亚，有些人养鬣狗。在美国一些州，允许将猴子作为宠物。在中国，有人在家里养沙漠狐狸、巨型独角仙，甚至是咸水鳄。

人类是奇怪的动物，在这本书里你已经了解了很多。我们吃鸡肉，穿牛皮，为了娱乐射杀夸加斑马，却把狗和猫当作家人一样爱护，让它们睡在我们的床上，给它们买节日礼物。在日本，宠物的数量甚至超过了儿童，可见日本人对宠物的喜爱程度。

这几页上的四只猫我很熟悉：它们是我自己的宠物。卡济米尔和路西法原本是邻居家的猫，直到它们选择搬来和我一起住。现在它们和约瑟夫、摩西一起，不仅是北半球最受宠爱的猫咪，自从我们从荷兰搬到南非后，也成了南半球最受宠爱的猫咪。

然而，这个幸福的宠物故事也有另一面。荷兰有300万只家猫，每年杀死的鸟类和小型哺乳动物多达数百万只。2021年，"家猫居家基金会"向法院提起诉讼，要求荷兰的猫咪今后必须"居家隔离"。如果按照该基金会的想法，猫咪将不能外出。这不是为了折磨猫咪，而是为了保护自然环境。

在我现在居住的开普敦，猫咪的行为更加出格。由于城市内外有大片自然保护区，这里生活着许多野生动物。研究显示，开普敦的一只猫平均每年杀死90只动物，每年总计有2700万只鸟、松鼠和壁虎被害，其中包括濒危的普拉那角蛙和开普敦雨蛙。我见过一次路西法叼着一只死掉的条纹鼠，但根据研究人员所说的，这算不了什么：猫咪捕获的猎物中，80%都不会被带回家。

也许是时候成立一个南非版的"家猫居家基金会"了。无论他们的诉讼结果如何，有一件事是可以肯定的：我的猫咪肯定会对此表示强烈抗议。

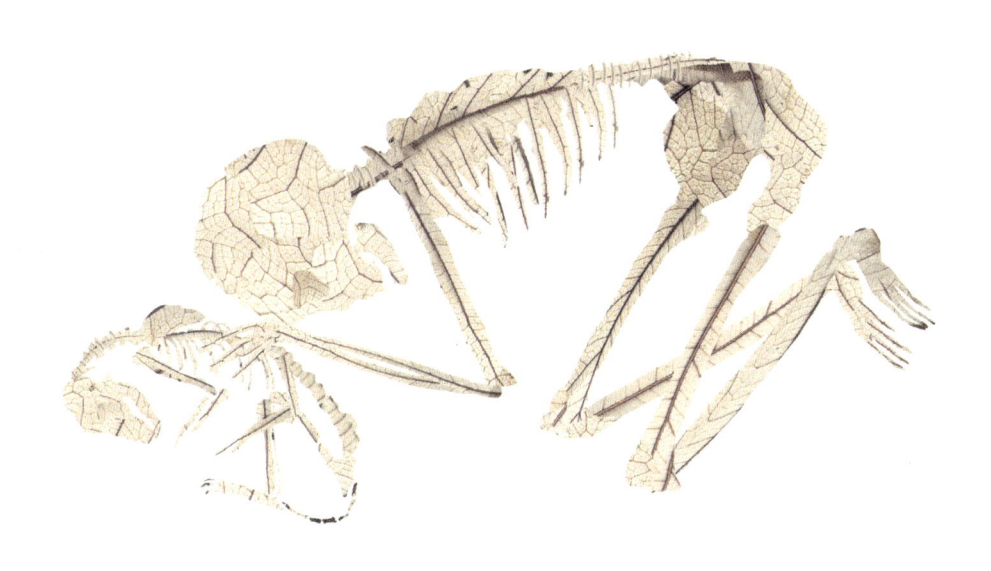

科学小知识

宠物是与人类共同生活，为我们带来陪伴和欢乐的动物伙伴。它们与农场里的牛、鸡、马、猪和羊有很大不同。我们饲养农场动物主要是出于食用目的和经济效益，而养宠物是为了享受它们的陪伴。在宠物界，狗和猫是当之无愧的明星，稳居人气排行榜的冠亚军宝座。你可能会惊讶：现在全世界竟然有超过8亿只狗和猫，比很多国家的人口还多！

参考资料

- 在《真正的夏娃诞生于此》("Hier werd de echte Eva geboren",马尔滕·柯尔曼斯,《荷兰人民报》,2019年10月28日)一文中,博茨瓦纳被认定为世界上第一个智人诞生的地方。在此之前,人们认为第一个智人诞生的地方是在埃塞俄比亚。尤瓦尔·赫拉利的《人类简史》(*Sapiens – A brief history of mankind*, Vintage出版社,2015年)描述了除智人外所有人类物种灭绝的各种理论。

- 关于地懒和最后一个冰河时期的巨型动物,我阅读了赖利·布莱克的《你刚刚错过了最后的地懒》["You just missed the last ground sloths",《国家地理》(National Geographic),2015年4月29日]和罗纳德·费尔德赫伊森的《人类到来之处,大型动物就灭绝?研究人员对这一流行观点存在严重分歧》("Waar de mens kwam, stierven de grote dieren uit? Over dat populaire idee zijn onderzoekers verdeeld tot op het bot",《荷兰人民报》,2021年7月2日)。

- 关于驯化羊驼的信息,我参考了K.克里斯·赫斯特的《美洲驼和羊驼——南美骆驼科动物的驯化历史》("Llamas and alpacas – The domestication history of camelids in South America, thoughtco.com", 2018年4月3日)。关于驯化作为更广泛过程的内容,我阅读了哈尔·赫尔佐格的《为什么狗是宠物猪是食物?》(*Some we love, some we hate, some we eat*, 哈珀柯林斯出版社,2010年)。

- Historischkader.nl于2016年4月1日发表了文化历史学家路易斯·施图特海姆的文章《动物园》("Dierentuin"),这篇文章探讨了人类在历史过程中与野生动物的关系。关于古希腊孔雀的信息,我参考了迪安娜·索雷尔斯的《孔雀:历史与文化中的地位》("Peafowl: In history & culture", assortedregards.com, 2021年7月15日)。

- 关于克娄巴特拉及其(据称的)自杀和美貌,我阅读了萨拉·普鲁伊特的《克娄巴特拉真的是被蛇咬死的吗?》("Did Cleopatra really die by snake bite?", history.com, 2020年3月10日),约纳·伦德林的《克娄巴特拉之死》("De dood van Cleopatra", historiek.net, 2015年8月12日),卡罗琳·克拉伊弗格的《克娄巴特拉死于毒药鸡尾酒》("Cleopatra overleed doorgiftigecocktail", scientias.nl, 2010年6月29日)和《克娄巴特拉的美貌》(*Schoonheid van Cleopatra*, isgeschiedenis.nl)。

- 在historischkader.nl、historianet.nl和archeologieonline.nl上,我阅读了关于罗马皇帝对基督徒的迫害,以及斗兽场血腥表演的内容,其中包括埃尔斯·克里斯滕森的《基督徒被扔给狮子》("Christenen voor leeuwen gegooid", historianet.nl, 2021年6月22日)。

- 关于蚕的故事,我看了《价值检验服务》(*Keuringsdienst van waarde*, 2011年9月15日)的一集节目,以及两集《校园电视》(*Schooltv*)《蚕》("De zijderups"), 2012年1月10日;《丝绸是如何制作的?》("Hoe wordt zijde gemaakt?"), 2016年4月19日]。生物学家耶勒·鲁默特、蝴蝶学教授汉斯·范·戴克和昆虫学教授马塞尔·迪克用他们的知识填补了我故事中的空白。然而,即使他们也无法解释蚕幼虫如何在不饿死或不变成蝴蝶的情况下跨越数千千米的距离。科学家们得出结论:这些资料一定有误,僧侣们走私的一定只是蚕卵。与幼虫不同,蚕卵可以通过一种类似冬眠的状态在如此长的旅程中存活。这是一个合乎逻辑的解释，但对我的故事来说是个打击。即使是一本让动物开口说话的书，在可信度方面也是有限度的——会说话的卵是不可信的。尽管如此，我还是想把蚕的故事写进这本书。因此，作为作家，我像那些僧侣一样"走私"了——不是蚕卵，而是真相。虽然蚕幼虫讲述它们的冒险在事实上似乎是不可能的，但在我的故事中，它们还是有了自己的声音。

- 关于"征服者威廉"和哈斯丁斯战役的细节，我在《哈斯丁斯战役中发生了什么？》("What happened at the Battle of Hastings?", english-heritage.org.uk)和珍妮·科恩的《关于征服者威廉你可能不知道的10件事》("10 things you may not know about William the Conqueror", history.com, 2013年3月26日)中找到。在赫特耶·德克斯发表在《荷兰人民报》上的文章《骑士骑马？历史学家发现更像是骑小马》("Ridder te paard? Eerder ridder te pony, ontdekken historici", 2022年2月4日)中，我了解到中世纪马匹的小体形。在《战争动物》(*Oorlogsdieren*, 雅典娜-波拉克与范赫内普出版社, 2009年)中，比比·迪蒙·塔克描述了战时马匹的历史。

- 关于鼠疫如何导致三分之一的欧洲人死亡，我阅读了约翰·格林的《人类世——关于以人为中心的地球的随笔》(*The anthropocene reviewed – Essays on a human-centered planet,* 埃伯里出版社, 2021年)中的《鼠疫》("Plague")一章。此外，我在互联网上找到了几篇部分为老鼠开脱罪名（鼠疫传播者）的文章，其中包括萨拉·斯洛特的这篇文章：《新研究发现黑死病是由人类身上的跳蚤而非老鼠传播的》("New study finds fleas from humans, not rats, spread the Black Death", inverse.com, 2018年1月17日)。

- 关于中世纪欧洲对动物的审判，我阅读了詹姆斯·麦克威廉斯的《野兽正义》("Beastly justice", slate.com, 2013年2月21日)，索尼娅·瓦托姆斯基的《当社会把动物送上法庭》("When societies put animals on trial", daily.jstor.

org, 2017年9月13日)和马特·西蒙的《奇幻错误:欧洲把动物送上法庭并处决它们的疯狂历史》("Fantastically wrong: Europe's insane history of putting animals on trial and executing them", wired.com, 2014年9月24日)。

- 关于圣牛、印度教徒和穆斯林之间的冲突,以及五大世界宗教中人与动物的关系,我阅读了比比·迪蒙·塔克的《环游世界之旅》(*Rundreis om de wereld*, 范高尔出版社, 2005年)、约里·博姆的《母牛, 印度最危险的动物》(*Moeder Koe, het gevaarlijkste dier van India*)、《绿色阿姆斯特丹人》(*De Groene Amsterdammer*, 2018年7月18日)和克里斯塔·希兰德的《每个主要宗教对动物权利的看法》("What each major religion says about animal rights", 感知媒体, 2019年11月15日)。

- 关于威廉·巴伦支的探险,我阅读了汉斯·格兰贝格的《新地岛越冬》(*De overwintering op Nova Zembla*, 失落的过去出版社, 2001年)、阿德温·德克卢弗的《威廉·巴伦支的探险队员遇到"怪物般的北极熊"》("Expeditieleden Willem Barentsz ontmoetten "monsterlijke ijsberen"", historiek.net, 2022年7月12日)和《第三次是魔咒:威廉·巴伦支的最后一次航行》("Third time's a charm: The last voyage of Willem Barentsz", 海洋探险网)。《最新新闻》(*Het Laatste Nieuws*)在2022年5月1日报道了北极熊向南迁移的新闻《非常不寻常:加拿大南部发现北极熊》("Zeer ongebruikelijk: ijsbeer gespot in het zuiden van Canada")。

- 在whaling.jp、nationalgeographic.org 和 thesushitimes.com 上,我阅读了关于日本捕鲸的信息。在哈尔·赫尔佐格的《为什么狗是宠物猪是食物?》中,我找到了关于善待动物组织的"吃鲸鱼肉吧!"活动的信息。

- 2021年10月4日,巴特·弗内科特在《新鹿特丹商报》(*NRC*)上发表了一篇引人入胜的专栏文章《爱咬人的哈巴狗》("De bijtgrage mopshond"),讲述了约瑟芬的小狗如何破坏了拿破仑的新婚之夜。

- 道格拉斯·亚当斯在《最后的机会》("Last chance to see", 兰登书屋, 1990年)中写了既搞笑又令人不安的濒危动物故事。亚当斯与动物学家马克·卡沃丁一起环游世界, 寻找六种濒危动物, 其中包括鹦鹉。在《渡渡鸟之歌》(*Het lied van de dodo*, 阿特拉斯出版社, 1998年)中, 戴维·夸曼写了关于岛屿生态系统的内容。

- 赖尼尔·斯普林写了一本关于夸加斑马的有趣且富有教育意义的书:《夸加斑马纪念碑——灭绝动物中的倒霉蛋》(*Monument voor de quagga - Schlemiel van de uitgestorven dieren*, 福西里出版社, 2016年)。此外, 我还在弗兰克·韦斯特曼的《黑人和我》(*El Negro en ik*, 阿特拉斯出版社, 2004年)和《开普敦秘密》(*Secret Cape Town*, 尤斯廷·福克斯) 和艾莉森·韦斯特伍德, 容格莱兹出版社, 2016年)中读到了关于夸加斑马的内容。

- 关于殖民者、兔子和袋鼠, 我阅读了贾斯珀·布伊廷的《澳大利亚与兔子灾害斗争已有150年》("Australië worstelt al 150 jaar met konijnenplaag", (is-geschiedenis.nl), J.马里克·德雷斯博士的《兔子的致命病毒疾病》("Dodelijke virusziekten bij konijnen", nemokennislink.nl, 2004年5月21日)和《欧洲兔子如何占领澳大利亚》("How European rabbits took over Australia", education.nationalgeographic.org, 2020年1月27日)。此外, 我还在澳大利亚国家博物馆网站 (nma.gov.au) 上找到了相关信息。

- 比比·迪蒙·塔克在《战争动物》中写到了鸽子在战时作为信使的角色。

- 关于西莉亚·斯蒂尔意外奠定工厂化养殖基础的历史, 我在乔纳森·萨夫兰·福尔的《吃动物》("Eating animals", 利特尔&布朗出版社, 2009年)中找到了相关内容。

- 保罗·阿诺德森在《1940—1945年遭受压迫和反抗的猫》[*Poes in verdrukking en verzet 1940—1945*,《猫报》(*De Poezenkrant*, 2013年)]中描述了安妮·弗兰克的猫穆尔齐的命运。安妮本人在她的《安妮日记》(*Het Achterhuis – Dagboekbrieven van 12 juni 1942 – 1 augustus 1944*, 贝尔特·巴克尔出版社, 1986年)中也写了几段关于她宠物的内容。安妮的好朋友杰奎琳·范·马尔森通过电子邮件向我分享了她对穆尔齐的回忆。

- 埃里克·贝茨于2020年4月22日发表了《黑猩猩太空之旅简史》["A brief history of chimps in space,"《发现杂志》(*Discover*)]。亨利·尼科尔斯在2013年12月16日的《卫报》(*The Guardian*)上发表了一篇文章:《太空黑猩猩哈姆:英雄还是受害者?》("Ham the astrochimp: hero or victim?")。在YouTube上有多个视频展示了哈姆进入太空的场景。在《人类的阴影下》("In the shadow of man", 水手图书出版社, 1971年)中, 珍妮·古道尔记录了她作为研究者在野生黑猩猩中生活的经历。

- 在以下文章中, 我找到了关于斑马鱼在医学科学中应用的信息:《小鱼, 大影响:斑马鱼的故事》("Tiny fish, big splash: the story of the zebrafish", yourgenome.org, 2021年7月21日),《为什么在研究中使用斑马鱼?》("Why use the zebrafish in research?", yourgenome.org, 2021年7月21日)和艾安茜·萨哈达特的《一种印度小鱼如何征服医学世界》("Hoe een Indiaas minivisje de medische wereld veroverde",《荷兰人民报》, 2017年2月11日)。 费里斯·贾布尔在《官方确认:鱼能感受疼痛》("It's official: fish feel pain",《史密森尼杂志》(*Smithsonian Magazine*), 2018年1月8日)中描述了研究如何证明鱼能感受疼痛。在《鱼确实能感受疼痛, 方式与哺乳动物相似》("Vissen voelen wel degelijk pijn, op een gelijkaardige manier als zoogdieren", *VRT*新闻, 2019年9月25日)中, 卢克·德·罗伊得出了相

同的结论。

- 关于卢旺达种族大屠杀,我阅读了菲利普·古雷维奇的《向您告知,明天我们一家就要被杀》(*We wish to inform you that tomorrow we will be killed with our families – Stories from Rwanda*, 法拉尔、斯特劳斯和吉鲁出版社, 1998年)、弗格尔·基恩的《血腥季节卢旺达之旅》(*Season of blood – A Rwandan journey*, 维京出版社, 1995年),以及斯蒂芬·金泽撰写的保罗·卡加梅总统传记《千丘之国——卢旺达的重生和梦想者》(*A thousand hills – Rwanda's rebirth and the man who dreamed it*, 威利出版社, 2008年)。在《雾中的大猩猩》(*Gorilla's in de mist*, L.J. Veen出版社, 1984年)中,研究者戴安·福西写到了火山国家公园中偷猎大猩猩幼崽的情况。

- 特蕾莎·德马雷斯特的纪录片《"人鱼童话"主角凯哥未曾讲述的故事》(*Keiko, the untold story of the star of Free Willy*, 2015年)详细讲述了一头冰岛虎鲸如何成为世界明星,之后又如何尝试重新成为一头野生虎鲸的故事。关于希特勒的动物保护法,我阅读了戈兰·布拉热斯基的文章《纳粹在1933年通过了一系列非常严格的动物保护法》("The Nazis passed a number of really strict animal protection laws in 1933", 复古新闻, 2016年10月5日)。

- 关于中国的"熊猫外交",我在多个网站上找到了信息,包括荷兰广播公司(*NOS*)的《这就是为什么中国分发熊猫》("Dit is waarom China panda's uitdeelt", 2015年10月26日)、比利时广播电视网(*VRT*)萨拉·范·普克的《熊猫外交——中国如何巩固与友好国家的关系》("Panda-diplomatie, of hoe China de band met bevriende landen bestendigt", 2017年7月5日)、infoNu.nl上的《熊猫外交是怎么回事?》("Panda-diplomatie: hoe zit dat?"),giantpandaglobal.com杰伦·雅各布斯的《凤仪和福娃抵达马来

西亚》("Feng Yi & Fu Wa arrived in Malaysia", 2014年5月21日)和strait-stimes.com上的《马来西亚大熊猫:凤仪准备好交配,但它的伴侣福娃还没有》("Malaysia pandas: Feng Yi ready to mate, but not her partner Fu Wa", 2014年5月24日)。

- 《纽约时报杂志》(*The New York Times Magazine*)于2021年1月6日发表了萨姆·安德森关于最后两只北方白犀牛的长篇文章:《地球上最后两只北方白犀牛——当纳金和法图死去时,我们将失去什么?》("The last two northern white rhinos on earth – What will we lose when Najin and Fatu die?")。在《第六次灭绝——一部非自然历史》(*The sixth extinction – An unnatural history*, 伊丽莎白·科尔伯特, 布鲁姆斯伯里出版社, 2014年)和《国家地理》文章《什么是大规模灭绝,是什么导致了该现象?》("What are mass extinctions, and what causes them?", 迈克尔·格雷什科, 2019年9月26日)中,作者们描述了大规模灭绝现象,以及人类对地球生命的破坏程度如何堪比导致恐龙灭绝的小行星。

- 2021年2月1日,《国家地理》发表了贾森·比特尔的文章《新发现的变色龙可能是世界上最小的爬行动物》("New chameleon species may be world's smallest reptile")。在尼克·加伯特和丹尼尔·奥斯汀的《马达加斯加野生动物》(*Madagascar wildlife*, 布拉特出版社, 2017年)中,我找到了关于马达加斯加自然和动物的信息。戴维·夸曼在《渡渡鸟之歌》(*Het lied Van de dodo*, 阿特拉斯出版社, 1998年)中深入探讨了岛屿生物地理学现象,解释了为什么岛屿上的动物特别小或特别大。

- 关于在以色列墓葬中发现1.2万年前宠物的逸事记载在尤瓦尔·赫拉利的《人类简史》中。在《为什么狗是宠物猪是食物?》中,哈尔·赫尔佐格写到了我们与(家养)动物的关系。2021年9月28日,帕特里克·梅尔斯胡克在《灯塔报》(Het Parool)上发表了文章《不要再往外跑:家猫居家基金会向法院提起诉讼要求让猫只待在室内》("Niet meer naar buiten:Stichting Huiskat Thuiskat stapt naar rechter om katten binnen te houden")。关于开普敦杀戮成性的家猫的报道于2020年7月30日发表在开普对话网站上:《研究发现,开普敦的杀手猫每年猎杀2700万只本地动物》("Cape Town's killer cats prey on 27 million local animals every year, study finds")。日本人拥有的宠物比孩子多的趣闻于2022年5月9日刊登在《每日独立报》(*Daily Maverick*)上。

最后:非常感谢本杰明·戈瓦茨帮助审阅手稿中的历史错误。也感谢克拉斯·德默勒梅斯特对本书热情、细致和鼓舞人心的指导。

©2022, Lannoo Publishers. For the original edition.
Original title: Een kleine geschiedenis van de mens door dierenogen. Over heilige koeien, ruimteapen en de roep van de kakapo. Translated from the Dutch language
www.lannoo.com

©2025, China South Booky Culture Media Co., LTD. For the Simplified Chinese edition

©中南博集天卷文化传媒有限公司。本书版权受法律保护。未经权利人许可，任何人不得以任何方式使用本书包括正文、插图、封面、版式等任何部分内容，违者将受到法律制裁。

著作权合同登记号：字18-2024-317

图书在版编目（CIP）数据

动物眼中的人类史 /（荷）约克·阿克维德著；（荷）杰内·菲拉绘；陆剑译. -- 长沙：湖南少年儿童出版社, 2025.7. -- ISBN 978-7-5562-8219-7
Ⅰ.Q98-49
中国国家版本馆CIP数据核字第2025JG2958号

DONGWU YAN ZHONG DE RENLEI SHI
动物眼中的人类史

[荷] 约克·阿克维德◎著　　[荷] 杰内·菲拉◎绘　　陆剑◎译

责任编辑：张　新　李　炜	策划出品：李　炜　张苗苗
策划编辑：蔡文婷　王　伟	特约编辑：卢　丽
营销编辑：付　佳　杨　朔　刘子嘉	版权支持：张雪珂
版式设计：李　洁	封面设计：主语设计
排　　版：李　洁	

出 版 人：刘星保
出　　版：湖南少年儿童出版社
地　　址：湖南省长沙市晚报大道89号
邮　　编：410016
电　　话：0731-82196320
常年法律顾问：湖南崇民律师事务所　柳成柱律师
经　　销：新华书店
印　　刷：北京中科印刷有限公司
开　　本：700 mm×980 mm　1/16
印　　张：11.25
字　　数：120千字
版　　次：2025年7月第1版
印　　次：2025年7月第1次印刷
书　　号：ISBN 978-7-5562-8219-7
定　　价：49.80元

若有质量问题，请致电质量监督电话：010-59096394　团购电话：010-59320018